国家自然科学基金地区基金资助项目"疏勒河流域中游绿洲生态需水过程与阈值研究"（51369004）；水利部公益性行业科研专项经费项目"疏勒河流域中游绿洲水－经济－生态系统耦合调控技术"（201301081）；甘肃省技术研究与开发专项计划"疏勒河流域中游绿洲生态需水保障技术研究"（1205TCYA005）

疏勒河流域中游绿洲生态环境需水研究

孙栋元　金彦兆　胡想全　程玉菲　张云亮　等著

黄河水利出版社
·郑州·

内 容 提 要

本书以疏勒河流域中游为研究区域,在全面梳理流域生态环境需水研究进展的基础上,系统阐述了流域绿洲生态需水研究理论,构建了疏勒河流域中游绿洲生态环境需水理论框架,界定了流域中游绿洲生态需水内涵,辨识了生态需水类型以及响应特征;基于生态系统的特点,提出了疏勒河流域中游绿洲生态功能分区;构建了基于天然植被、河流、湿地和防治耕地盐碱化的疏勒河流域中游绿洲生态环境需水定量化模型,确定了相应的计算方法,并估算了疏勒河流域中游绿洲生态环境需水量,分析了生态环境需水时空变化特征;基于确定的生态恢复目标,分别计算了保护目标下疏勒河流域中游绿洲生态需水量;提出了基于生态需水的疏勒河流域中游绿洲水资源优化配置方案和保障体系。

本书可供水文水资源、生态学、生态水文、水资源规划与配置、流域环境保护与生态修复等相关专业的管理人员、科研人员、高等院校师生阅读参考。

图书在版编目(CIP)数据

疏勒河流域中游绿洲生态环境需水研究/孙栋元等著.
郑州:黄河水利出版社,2017.10
ISBN 978 - 7 - 5509 - 1877 - 1

Ⅰ.①疏… Ⅱ.①孙… Ⅲ.①河西走廊 - 绿洲 - 生态
环境 - 需水量 - 研究 Ⅳ.①X321.242

中国版本图书馆 CIP 数据核字(2017)第 269348 号

组稿编辑:贾会珍 电话:0371 - 66028027 E-mail:110885539@qq.com

出 版 社:黄河水利出版社 网址:www.yrcp.com
地址:河南省郑州市顺河路黄委会综合楼14层 邮政编码:450003
发行单位:黄河水利出版社
发行部电话:0371 - 66026940、66020550、66028024、66022620(传真)
E-mail:hhslcbs@126.com
承印单位:河南日报报业集团彩印厂
开本:787 mm×1 092 mm 1/16
印张:9.25
字数:210 千字 印数:1—1 000
版次:2017 年 10 月第 1 版 印次:2017 年 10 月第 1 次印刷
定价:50.00 元

前　言

　　绿洲作为干旱区独特的地理景观,是干旱地区人们赖以生存的基础和精华所在,同时也是干旱区最敏感的部分和经济发展的承载体。而水是干旱区绿洲存在的最关键的生态因子,是维系绿洲生态系统和流域生态安全与经济社会和谐发展的决定性因素,同时也是保护生态环境和决定绿洲规模的最关键因素。现阶段,随着经济社会的不断发展,人类对水资源的开发利用已呈现出不同程度的掠夺式发展趋势,生产、生活用水与生态用水之间的矛盾日益加剧,导致严重的生态环境问题,如生态系统退化、生物多样性降低、河道断流、地下水位下降、水环境污染和土地荒漠化等。特别是在干旱区,人类活动对生态系统需水量的挤占已成为生态环境系统退化的一个重要原因。为实现水资源的合理开发利用,保护和改善生态与环境,在流域水资源规划与管理中,如何基于有限的水资源总量,实现流域水资源的合理配置,维持合理的生态环境需水,将人类活动控制在生态环境和资源允许范围之内,以满足国民经济持续发展和水资源的永续利用,是水资源管理和规划部门当前亟待解决的关键问题。生态环境需水研究是目前生态学和水科学研究的热点领域,同时是干旱内陆河流域绿洲水资源综合管理、保护和恢复生态环境最为关键的科学问题之一,其研究目的是实现区域水资源的优化配置和高效利用,最终实现区域水－经济－生态与环境系统的协调可持续发展。

　　疏勒河流域是甘肃省三大内陆河流域之一,位于河西走廊最西端,是我国西部安全与稳定的桥头堡,战略地位十分重要。流域内有世界文化遗产敦煌莫高窟、月牙泉、阳关和玉门关遗址等众多文化景点、风景名胜,带动着全省旅游业的发展,在甘肃社会经济发展中具有举足轻重的地位和作用。然而,近年来经济社会发展对资源需求的急剧增长,给疏勒河流域带来了重大生态环境问题,主要表现在两个方面:一是水资源过度开发带来的生态环境问题日益严重,突出表现为以月牙泉水位下降、西湖萎缩为代表的敦煌盆地的一系列生态环境问题;二是人口的增长和社会经济的快速发展,流域水资源过度开发,生态环境用水被大量挤占,使得绿洲生态环境受到威胁,继而影响绿洲的稳定性,严重制约了绿洲生态系统的健康发展和社会、经济与环境的可持续发展。疏勒河干流及支流党河水资源的高度开发,致使下游生态水量锐减,地下水位下降、河道断流,月牙泉几近干涸,尾闾西湖急剧萎缩,库姆塔格沙漠东侵,莫高窟受到风沙侵害,敦煌绿洲的生态环境受到严重威胁,直接影响着河西走廊乃至整个西北地区的生态安全。因此,针对疏勒河流域存在的生态环境问题和水资源危机,有必要在疏勒河流域中游绿洲开展生态需水与水资源合理利用研究,提出满足生态目标的生态需水配置方案,确定适宜的绿洲生态需水量以及保证绿洲生态安全的合理生态需水阈值,从而为改善内陆河流域生态环境提供可借鉴的依据,对推动流域水文学研究有着重要的理论意义,对环境变化条件下流域水资源规划、优化配置与合理利用,具有十分重要的科学意义和应用价值。

　　全书共分 11 章。第 1 章简要介绍了项目研究背景、研究的必要性、研究的目的与意义,系统综合论述了生态环境需水国内外的研究进展与相关计算方法研究进展,提出了项目的研究目标与研究内容。第 2 章从生态环境需水基本概念、流域绿洲生态环境需水研究机制、生态环境需水原理、疏勒河流域中游绿洲生态系统类型、疏勒河流域中游绿洲生态环境需水理论框架等方面系统阐述了流域绿洲生态环境需水理论。第 3 章从研究区自然地理特征、社会经济概况和水资源及其开发利用现状方面论述了研究区概况。第 4 章在分析疏勒河流域中游绿洲生态环境现状的基础上,依据不同的生态功能分区原则与方法,提出了基于生态系统的疏勒河流域中游绿洲生态功能分区。第 5 章构建了基于天然植被生态环境需水量、河流基本生态环境需水量、河流输沙需水量、河道渗漏补给需水量、河流水面蒸发需水量、湿地生态环境需水量和防治耕地盐碱化环境需水量的疏勒河流域中游绿洲生态环境需水定量化模型,并确定了与之相应的计算方法。第 6 章基于建立的模型和确定的计算方法,估算了疏勒河流域中游绿洲不同类型生态环境需水量,并进行了相应的分析。第 7 章基于计算结果,分析了疏勒河流域中游绿洲不同类型生态环境需水量时空变化特征。第 8 章基于确定的生态恢复目标,分别计算了保护目标下 2020 年、2030 年疏勒河流域中游绿洲不同类型生态环境需水量,并分析了时空分异特征。第 9 章基于疏勒河流域中游绿洲水资源配置目标与原则,研究提出了基于生态需水的疏勒河流域中游绿洲水资源合理配置方案。第 10 章基于疏勒河流域中游绿洲水资源保障技术体系构建基本理念与原理,提出了基于生态需水的疏勒河流域中游绿洲水资源保障技术体系及其内容。第 11 章在前述基础上,总结了相关研究结论,并提出了后续开展相关研究的一些建议。其中,第 1 章、第 11 章由金彦兆、孙栋元撰写,第 2 章、第 5 章、第 7 章、第 8 章、第 9 章由孙栋元撰写,第 3 章由胡想全、孙栋元撰写,第 4 章由张云亮、王军德、孙栋元撰写,第 6 章由程玉菲、孙栋元撰写,第 10 章由卢书超、孙栋元撰写。全书由孙栋元统稿。金彦兆、胡想全审阅了全书,并提出了许多宝贵的意见与建议,李莉、郑文燕对书中的基础资料和数据进行了整编与分析。

　　本书内容主要基于国家自然科学基金地区基金资助项目"疏勒河流域中游绿洲生态需水过程与阈值研究"(51369004)、水利部公益性行业科资助研专项经费项目"疏勒河流域中游绿洲水 – 经济 – 生态系统耦合调控技术"(201301081)和甘肃省技术研究与开发专项计划"疏勒河流域中游绿洲生态需水保障技术研究"(1205TCYA005)的相关研究成果。

　　在本研究开展过程中,得到了国家自然科学基金委、水利部国际合作与科技司、甘肃省科学技术厅、甘肃省水利厅、清华大学、甘肃省疏勒河流域水资源管理局和甘肃省水文水资源勘测局等单位的大力支持和帮助,同时得到多位专家指导,在此对支持和帮助本研究的专家、单位和同仁表示衷心的感谢!

　　由于作者水平和编写时间有限,书中不足之处在所难免,恳请广大读者批评指正。

作 者

2017 年 8 月

目　录

第 1 章　绪　论

1.1　研究背景

从国际水科学发展与前沿看,水与生态问题已经成为未来 5～10 年地球系统和资源环境领域重大基础和应用基础科学问题。2004 年 7 月国际科学联合会(ICSU)出版的《未来科学展望与分析报告》指出:水是人类共同面临的核心挑战问题,未来的压力将成倍增加。21 世纪,各国对水资源发展战略及其相关学科问题的研究,已成为全球共同关注和各国政府的重点议题之一。

水资源是基础性自然资源,是生态环境建设的控制性要素,同时又是战略性经济资源,是综合国力的有机组成部分。水是人类社会赖以生存和发展不可代替的物质基础,具有经济、社会、生态等多元价值,兼具经济、社会、自然等多重属性。水是生态和环境中最活跃的因子,在水资源开发利用中高度重视生态平衡,重视经济发展与生态和环境的用水竞争,是我国经过 30 多年持续高速发展后,面临的亟待解决的紧迫问题,意义重大,影响深远。而水是干旱区生态系统构成、发展和稳定的基础,是我国西部生态脆弱区最关键的生态因子。现阶段,随着经济社会的不断发展,人类对水资源的开发利用已呈现出不同程度的掠夺式发展趋势,生产、生活用水与生态用水之间的矛盾日益加剧,导致严重的生态环境问题。特别是在干旱区,人类活动对生态系统需水量的挤占已成为生态环境系统退化的重要原因。在市场经济高速发展的今天,人类在追求水资源经济价值最大化的同时,忽略了水资源的生态价值,忽视了生态系统的生态环境功能,使水资源严重浪费和污染等现象发生,从而造成生态环境严重恶化,进而加重了水危机。

我国地域辽阔,区域差异大,复杂的自然地理和气候条件,形成了显著的区域生态特征。内陆河流域降水集中在山区,广阔的平原区降水稀少,人类活动集中在狭小的绿洲,有限的河川径流支撑着绿洲的生存与发展。外流河流域又因为降水量分布的不同与水土组合的差异,导致北方缺水,南方水土流失严重。地区经济发展的不平衡性,以及人口压力,使人水矛盾突出,工农业之间以及国民经济与生态环境之间用水竞争激烈,生态环境用水难以保证。许多内陆河由于生态用水被挤占,出现严重的荒漠化问题。北方大河流域,国民经济和社会生活耗水量占水资源总量的 50% 以上,长期挤占生态和环境用水,出现地表水体严重萎缩、地下水超采、海水倒灌、河口淤积等一系列生态问题。南方大江大河,近些年经常出现枯水季节水质下降、海水倒灌、水生态环境恶化,导致全流域性供水紧张。因此,以水资源短缺与生态环境恶化为主要特征的水问题,其复杂性和解决难度成为我国国情不可忽视的一部分。北方干旱半干旱地区,特别是内陆河流域,长期以来,水资源的利用主要考虑农业、工业和生活用水等方面的经济效益,过量地开发河流水、地下水和占用水资源的生态空间,而对在维护流域生态环境平衡所需的用水方面重视不够。

正是由于这种忽视,在水资源的开发利用过程中,已经产生了水环境、水生生态严重破坏的不良后果,进而造成森林草原退化、水土流失、生物多样性减少、土地沙漠化、河流断流、水体污染、河流与湖泊萎缩、河道淤积以及地面沉降等一系列严重的生态环境问题。

水资源不合理的开发利用加速了水体功能的衰减过程,使生态环境更为脆弱,水灾害趋于频繁,流域系统的结构和功能遭到破坏。为缓解生态环境的继续恶化,解决由此带来的生态环境问题,开展生态环境需水量研究势在必行。在这种背景下,生态环境需水问题逐渐被人们所关注,并成为研究的热点和难点。为实现水资源的合理开发利用,保护和改善生态环境,在流域水资源规划与管理中,如何基于有限的水资源总量,实现流域水资源的合理配置,维持合理的生态环境需水,将人类活动控制在生态环境和资源允许范围之内,以满足国民经济持续发展和水资源永续利用,这是水资源管理和规划部门当前亟待解决的关键问题。因此,在区域水资源开发利用中,研究水资源演化规律与生态系统稳定性之间的互馈关系,使水资源的开发利用不致破坏生态系统的稳定和平衡,达到既能保证最大限度地满足经济发展的需水要求,又能保证生态系统的良性发展。生态环境需水研究是合理配置水资源,实现水资源合理开发利用的基础,也是维持和改善生态系统,实现水资源永续利用的保障。同时流域生态环境需水量是一个涉及水文、地质、气候、水资源开发利用、生态环境保护和社会经济发展等多方面的重要问题。

1.2 研究的必要性

1.2.1 流域生态环境和社会可持续发展的需要

水资源短缺和水土环境恶化已成为制约中国农业乃至整个国民经济可持续发展的核心。由缺水而造成的水土环境退化、土壤荒漠化、河流断流及沙尘暴等,已经给我们的生存环境和经济发展带来了严重的影响。生态环境是人类生存发展的基础自然资源,生态环境不仅为人类提供食物及其他生产生活资料,而且还提供了人类赖以生存的自然环境条件,它对维持水文循环、净化空气、抵御自然灾害等起着重要的作用。疏勒河流域有限的水资源承载了过多的人口及经济活动,使水循环过程发生了深刻变化,带来生态环境的巨大改变。由于经济与生态对水资源的双重依赖,水与生态问题密切相关,分析区域生态环境需水是协调生态环境需水与国民经济用水的矛盾,以确定合适的生态保护目标、生态建设和国民经济发展规模的首要条件。如何确定生态需水,如何协调和解决经济与生态环境之间的关系以及区域之间或流域上下游之间用水竞争的矛盾,是水科学需要重点研究和解决的关键问题。流域的水文过程控制着生态过程,对流域生态系统的稳定性有着直接影响,同时也决定流域生态安全。加速流域生态环境的恢复和保护,对促进区域经济的发展和人民生活水平的提高,改善流域自然生态系统的功能具有重要意义。因此,生态环境的稳定发展是社会经济可持续发展的保障和基础。

1.2.2 流域生态系统良性循环的需要

水资源在人类活动和社会经济发展及生态环境平衡中具有中心作用和综合作用,生态缺水是导致生态环境质量下降的主要因素。水资源作为生态系统的控制性因素之一，深刻地影响着生态系统中一系列的物理、化学、生物过程，只有保证了生态系统对水的需求，生态系统才能维持动态平衡，进一步为人类提供最大限度的生态效益、经济效益和社会效益。要实现流域水资源与生态系统之间的协调发展，必须对流域水资源进行合理的配置，协调好流域上中下游用水矛盾，处理好农业用水和生态用水比例，处理好地表水和地下水的关系，确定出不同区域地表水、地下水开发利用的适宜比例和布局，通过地表水、地下水联合调度，减少水分的无效损耗，合理安排和分配地区之间、部门之间经济用水的关系，统一配置社会经济用水和生态环境用水，实现流域水资源的高效合理利用，促进社会经济及生态环境的可持续发展。

1.2.3 流域水资源合理配置的需要

生态环境是关系到人类生存和发展的基本自然条件，保护和改善生态环境是保障社会经济可持续发展和全面建成小康社会所必须坚持的基本方针，而保证生态需水是实现这一基本方针的重要基础。然而，以前我国水资源管理模式大都从水资源与人类社会两大系统的相互作用来考虑，未考虑到人类活动和水资源合理配置对自然生态系统的影响，其后果是工业用水挤占农业用水，农业用水挤占生态用水，使社会、经济、生态三者之间的关系失衡，造成严重的水问题。水作为生态良性循环的最重要物质，要求在水资源配置中，充分合理地考虑生态系统对水的需求。鉴于流域生态现状和面临的主要问题，水利部启动并实施了《敦煌水资源合理利用与生态保护综合规划》，提出疏勒河流域水量分配方案和生态流量下泄指标，以实现生态稳定、合理分水方案的目标。这一目标的实现，有助于合理地确定生态需水量，只有在保证生态需水的情况下，才能实现水资源合理配置，保证社会和生态系统的协调发展。

1.2.4 流域下游地区生态环境治理紧迫性的需要

流域生态环境的恶化制约了社会经济的可持续发展，尤其是下游地区的生态环境恶化问题已经引起了国家的高度重视，位于下游的西湖国家级自然保护区在控制土壤侵蚀、防止土地沙化、阻隔库姆塔格沙漠东侵、维护生物多样性等方面有着不可替代的作用。但是，随着流域内人口的增长和水资源的过度利用，保护区生态受到极大影响，区内草地、湖泊、湿地大幅萎缩。与 20 世纪 70 年代比，区内草地面积萎缩了 50%，湖泊水面减少了73%，沼泽面积减少了 40%。保护区生态系统的退化加速了敦煌人工绿洲边缘沙漠化，敦煌绿洲边缘天然草场面积由中华人民共和国成立前的 276 万亩（1 亩 = 1/15 hm²）减少至目前的 135 万亩，土地沙化面积每年增加约 2 万亩。敦煌境内绿洲，与 20 世纪 50 年代相比，天然林面积减少了 40%，草场面积减少了 62%，湿地面积减少了 68%。库姆塔格沙漠每年向敦煌逼近 2 ~ 4 m。但目前对区域生态环境需水的研究还相对较少，缺少对生态环境需水量的定量分析研究，使水资源调度缺乏依据，无法合理地分配生态环境需水量。因此，研究区域生态环境需水量的规律及计算方法已经成为迫切需要解决的问题。

1.2.5　流域不同生态恢复目标的需要

根据疏勒河流域生态保护和生态恢复目标,在分析流域生态环境现状、生态敏感性和生态演化的基础上,结合流域生态环境治理存在的问题,进行流域生态功能分区,确定生态治理重点区,提出生态保护与恢复目标的原则与方法,研究不同生态分区服务功能和空间分布规律。从水资源调配和生态景观角度进行生态需水分区,研究流域生态需水内涵、需水类型以及不同类型的生态需水特征;根据生态保护与恢复目标,确立不同目标下流域生态需水时空分异特征,提出流域生态需水研究技术与方法;建立基于生态过程的不同类型生态需水(天然植被需水、湖泊河道蒸发需水、地下水位恢复需水等)量化模型,确定不同保护目标下适宜生态需水量。

1.3　研究目的与意义

西北干旱区是水资源稀缺和生态环境相对脆弱的区域,日益恶化的生态环境使得生态需水受到广泛关注,其研究也由此成为干旱区生态水文学研究的热点。我国西北干旱区包括新疆全境、甘肃河西走廊、青海柴达木盆地及内蒙古贺兰山以西地区,土地总面积在 200 万 km^2 以上。该区位于欧亚大陆中心,气候干旱,水资源短缺,水已经成为该区环境与发展最大的制约因子。近几十年来,由于人口剧增,工农业发展以及人们对水的浪费,在全世界范围内产生了水资源危机和生态环境的急剧恶化等问题。尤其是在人口和经济集中分布的绿洲地带,生态环境的急剧恶化尤为严重。主要表现为植被退化,绿洲萎缩,河流断流,湖泊萎缩甚至干涸,地下水位下降,水质矿化、恶化,水土流失严重,土地沙化,盐碱化,沙尘暴危害加剧等。为保持西北干旱绿洲区不因人与自然争水导致生态系统退化、恶化,生态需水量在绿洲水循环中所处的地位与作用如何? 究竟需要考虑多大额度生态需水量? 如何确定适宜生态需水量? 如何确定绿洲生态需水阈值? 这些问题成为国家需求和科学需求的关键问题,生态需水研究成为平衡人类需水与自然需水的基础,是水资源合理配置与生态环境建设的重要依据。

疏勒河流域是甘肃省三大内陆河流域之一,位于河西走廊最西端,是我国西部安全与稳定的桥头堡,战略地位十分重要。流域内有世界文化遗产敦煌莫高窟、月牙泉、阳关和玉门关遗址等众多文化景点、风景名胜,带动着全省旅游业的发展,在甘肃社会经济发展中具有举足轻重的地位和作用。然而,近年来经济社会发展对资源需求的急剧增长,给疏勒河流域带来了重大生态环境问题,主要表现在两个方面:一是水资源过度开发带来的生态环境问题日益严重,突出表现为以月牙泉水位下降、西湖萎缩为代表的敦煌盆地的一系列生态环境问题;二是人口的增长和社会经济的快速发展,流域水资源过度开发,生态环境用水被大量挤占,使得绿洲生态环境受到威胁,继而影响绿洲的稳定性,严重制约着绿洲生态系统的健康发展和社会、经济与环境的可持续发展。疏勒河干流及支流党河水资源的高度开发,致使下游生态水量锐减,地下水位下降、河道断流,月牙泉几近干涸,尾闾西湖急剧萎缩,库姆塔格沙漠东侵,莫高窟受到风沙侵害,敦煌绿洲的生态环境受到严重威胁,直接影响着河西走廊乃至整个西北地区的生态安全。因此,针对疏勒河流域存在的生态环境问题和水资源危机,有必要在疏勒河流域中游绿洲开展生态需水与水资源合理利用研究,提出满足生态目标的生态需水配置方案,确定适宜的绿洲生态需水量,回答保证绿洲生态安全的合理生态需水阈值,从而为改善内陆河流域生态环境提供可借鉴依据,对推动流域水文学研究有着重要的理论意义,对环境变化条件下流域水资源规划、优化配置与合理利用,具有十分重要的科学意义和应用价值。

1.4 国内外研究现状

生态环境需水研究已成为国内外地球科学领域普遍关注的一个热点问题,是生态水文学研究的重要课题之一,同时是区域生态环境保护和恢复重建中必须面对的基础科学问题,也是建设良好生态环境必须解决的重大实际问题。生态需水对环境管理和生态恢复的重要性已引起科学界和各国政府的重视,特别是 20 世纪 90 年代以后,国际有关组织实施了一系列国际水科学计划,如国际水文计划(IHP)、世界气候研究计划(WCRP)、国际地圈生物圈计划(IGBP)等,目的是通过全球、区域和流域等不同尺度和交叉学科的途径探讨环境变化下水循环及与之相联系的资源与环境问题。变化环境中的水文循环与水资源的脆弱性研究成为热点,前沿问题突出反映在水文循环的生物圈方面,人类活动影响下的水资源演变规律,水与土地利用、覆被变化、社会经济发展之间的相互作用影响以及水资源可持续利用与水安全等的关系,而生态环境需水问题就隐含在各个前沿问题之中。

1.4.1 国外研究进展

国外关于生态环境需水研究的萌芽可以追溯到 18 世纪后期。当时,人们认识到河流除了供人们生活所需外,还具有两个最基本的功能,即排水和航运,因此有必要制定一个法定的最小流量来满足这两个功能的要求。这一时期主要是为满足河流的航运功能而对河道低流量进行研究。19 世纪末最小流量的概念被广泛应用,制定了关于补偿流量的规定,重点在于航运、保护鱼类以及下游取水。

20 世纪 40 年代,随着水库的建设和水资源开发利用程度的提高,美国的资源管理部门开始注意和关心渔场减少的问题。美国渔业与野生动物保护组织对河道内流量与鱼类生长繁殖、产量进行了许多研究,规定了维持河流的最小生态流量(Instream Flow Requirement)。随后,由于污染问题的出现,开始了最小可接受流量(Minimum Acceptable Flows,MAFs)的研究;同时,由于河流生态系统受到破坏,又开始了生态可接受流量(Ecology Acceptable Flow Regime,简称 EAFR)研究,其主要目的是保护生物多样性。

20 世纪 60 年代,水资源行动计划要求河流管理机构建立最小可接受流量,并定期修改。20 世纪 70 年代,美国又通过水资源法案(1965)和国家环境法案(1969)将生态环境需水量列入地方法案,对河流基流量、河道内用水、各类湿地、河口三角洲等环境需水量规定了限定值。研究者运用系统理论对一些著名流域(如布拉马普特河流域、印度河流域、埃及尼罗河工程等)重新进行评价和规划,并在 1971 年提出采用河道内流量法确定自然和景观河流的基本流量,即在河道内流量方面已形成较完善的算法;1978 年美国完成了第二次全国水资源评价,以分区河流出流点的月流量状况作为判断,提出了河道径流的分级评判标准。此后,美国各州开展了大量的关于河流生态环境需水理论与管理实践方面的研究,提出了许多计算评价方法。

20世纪80年代初期,美国全面调整对流域的开发和管理目标,形成了生态需水分配研究的雏形。随后澳大利亚、英格兰、新西兰等国家开始接受河流生态流量的概念并广泛开展研究。20世纪90年代,人类逐渐认识到水资源与生态环境系统的互动关系,促进了水资源管理观念的转变,逐渐放弃了以人类需求为中心,强调生态环境需水的重要性,生态环境需水研究开始成为全球关注的焦点。Covich在1993年强调了在水资源管理中要保证恢复和维持生态系统健康发展所需的水量。Gleick提出了基本生态需水量的概念(Basic Ecological Water Requirement),即提供一定质量和数量的水给天然生境,以求最小限度地改变天然生态系统的过程,并保护物种多样性和生态整合性。其概念实质是生态建设(恢复)用水,缺乏天然生态系统维系自身发展而要求的生态用水内涵。Falkenmark将绿水(Green Water)的概念从其他水资源中分离出来,提醒人们注意生态系统对水资源的需求,水资源的供给不仅要满足人类的需求,而且生态系统对水资源的需求也必须得到保证。Rashin等也提出了可持续的水利用要求保证足够的水量来保护河流、湖泊和湿地生态系统,人类所使用的作为娱乐、航运和水力的河流和湖泊要保持最小流量,但并没有给出明确的概念和计算方法。Whipple等提出水资源的规划和管理需要更多考虑环境需求和调整,指出国家对河流航运、水电的需求不断增长,相应地对水供给、洪水控制、人类娱乐利用的需求也在增加,其中水供给包括城市、工业、农业利用,还有河道内的环境利用。Bald等针对各类型生态系统(旱地、林地、河流、湖泊、淡水湿地等)的基本结构和功能,较详细地分析了植物与水文过程的相互关系,强调了水作为环境因子对自然保护和恢复所起到的巨大作用,作者尽管没有将生态需水量作为研究对象,但许多相关的思想、原理和方法在很大程度上推动了生态需水量的研究进展。同时,许多学者对河流自身的特性开展了深入的理论研究,其中有代表性的有:Vannote等和Statzner等相继提出并发展了河流连续体的思想,认为从上游源头到河口存在一个环境梯度,该梯度由上游源头的物质输入形成;Ward将河流描述为一个四维的生态系统:纵向、横向、垂向和时间,这四个因素影响着生境和水生群落的分布;Petts和Thoms等概括了确定河流水文状态的六个基本原则:纵向连通性、垂向交换性、横向(洪泛平原)连通性、河道维持流量、最小流量和季节流量。随着这些理论研究的不断深入和实践活动的不断开展,河流生态环境需水研究的理论日益成熟。据Tharme统计,当前在全球范围内至少有200多种不同的河流需水量计算方法,分布在40多个不同的国家,研究范围拓展到湖泊、湿地、水库等淡水生态系统。然而,随着人们对以往水资源管理模式的反思,人们意识到水资源的持续利用既可以通过减少人类的负面影响来实现,也可以通过调节区域内的水陆生物来实现;为了保证水资源的可持续利用,还需要深入认识自然界的水循环过程及其相应的物理、化学作用,尤其是生物因素对水循环变化的调整作用。

近年来,为了促进水文水资源的研究,国际间共同努力建立了包括河流生态环境需水研究内容的FRIEND(Flow Regimes from International Experimental and Network Data Sets)行动计划,研究者相继从不同角度提出了多种计算河流生态需水量的方法。随着FRIEND行动计划的推广,生态环境需水研究在非洲、地中海沿岸干旱地区以及欧洲也相继发展起来,并迅速扩展到世界各国。河流生态需水由单一目标发展为多方面需求来估算河道流量,将某段时间的各种流量需求的最大值定为河道流量需水量。从研究内容看,国外较早的河流生态环境需水研究大多集中在河流鱼类及其他水生生物等对流量的需求上。后来,随着生态可接受流量范围研究的逐渐深入,并考虑到河流生态系统的完整性,研究范围逐渐扩展到整个河流生态系统,包括与河流相连的水库、湖泊、湿地、洪泛区甚至河岸林等。目前,河流生态环境需水研究主要集中在河道流量—水生生物栖息地环境的相关关系、河道流量—水生生物—DO 的相关关系、河道流量—水生生物指示生物的相关关系、生态环境用水—国民经济用水的相关关系以及考虑河道生态环境需水量的生态友好型水库优化调度等方面,同时还与河流本身的健康以及人与河流和谐发展等内容紧密联系起来。最新的生态需水研究认为需从四维河流系统时空尺度对流域生态需水进行阐述,包括纵向维、横向维、垂向维和时间维。其中,纵向维是指沿流向从源头、上下游到入海口整个河流纵向范围,横向维是指沿河流垂直方向的横向范围,垂向维指沿蒸发和地下水方向的河流上下范围,时间维则依据时间流逝对河道影响的研究范围。基于四维河流系统时空尺度理论,生态需水研究进入更深层次、更系统性的研究阶段。

总体来看,国外的研究主要集中在河流生态环境需水上,多从水资源管理的角度展开,侧重于水资源的配置,但在维持河道渗漏和水面蒸发需水、流域需水过程以及河流水量与水质耦合对流域生态需水的影响以及考虑生态系统自身需水的角度等方面研究相对较少。

1.4.2 国内研究进展

国内关于生态需水的研究起步相对比较晚,1988 年方子云主编的《水资源保护工作手册》已提及流域生态用水方面的内容,但未明确使用"生态用水"这一术语。1989 年汤奇成等分析塔里木盆地水资源与绿洲建设时提出了生态环境用水的概念,率先在我国开展了生态环境需水研究。他认为:生态环境用水一是指对一些重要(对绿洲经济的持续发展和对周围生态环境起重要作用)的湖泊进行补水,不主张对干旱区所有萎缩和干涸的湖泊进行补水,如罗布泊、台特玛湖等;二是人工造林及人工草场的用水量,以土地沙漠化的面积不再扩大为原则。1990 年《中国水利百科全书》将环境用水量定义为改善水质、协调生态和美化环境等的用水。针对黄河断流、海河超极限开发以及水污染严重等问题,1993 年水利部正式将生态环境用水作为环境脆弱地区水资源规划中必须予以保证的一种新型用水。后来,随着国际计划的推动,国内对生态需水的研究进一步深入。国家"九五"重点科技攻关项目"西北地区水资源合理开发利用与生态环境保护"是近年来关于西部流域水循环研究中比较有代表性的大型科研项目之一,生态需水量则是该项目研究的重要内容。中国工程院一期咨询项目"中国可持续发展水资源战略研究"完成的 9 个专题报告,也对生态环境用水做出了初步测算。21 世纪初,"十五"国家重点科技攻关项目"中国分区域生态用水标准研究"提出了水循环尺度生态效应及其作用和转化理论,建立了全国分区域生态需水理论和计算方法体系。刘昌明根据流域水资源开发利用与生态需水关系,提出了生态水利的"四大平衡"(水热平衡、水盐平衡、水沙平衡、水量平衡)原理,探讨了"三生"(生活、生产与生态)用水之间的共享性。贾宝全和王芳对生态环境脆弱区、荒漠绿洲、干旱半干旱区等针对不同区域特点的生态需水给出了不同定义。李丽娟等以海滦河为例研究了河道生态需水,认为河道生态需水量包括河流天然和人工植被耗水量、维持水生生物栖息地、维持河口地区生态平衡等需水类型。刘静玲和杨志峰根据湖泊基本特征分析生态需水的内涵,辨识了湖泊生态需水量的不同计算方法和相应指标体系,并通过实例进行了分析和估算。崔保山和杨志峰分析了典型湿地生态需水量的内涵和临界值,探讨了湿地生态系统生态需水量计算方法与相关指标。丰华丽等认为河流生态环境需水量的确定要满足水生生态系统对水量的要求,并能够确保水生生态系统处于健康状态。王根绪、程国栋等以干旱区内陆河黑河为例,采用相关分析法、生态系统模拟和耗水量法对生态需水量进行了评估。陈敏建、王浩等根据水分驱动生态演变模型,以水分运动和补给条件,研究了内陆河平原生态系统的需水结构。杨志峰等从降水量概念和水资源量概念两个角度界定了城市生态环境需水量的概念与内涵,分析其类型和属性特征,建立了城市生态环境需水量的方法体系。王晶等按照斑块理论,根据气候与海拔和地理位置的关系,考虑输沙需水时维持干旱河谷段的最小生态需水量,以及不考虑输沙需水时的最小生态需水量。王西琴等从水的自然循环与水在人类活动影响下的循环角度出发,探讨了二元水循环下河流生态需水"质"与"量"的综合评价,建立了二元水循环下的河流生态需水的水量与水质计算方法。赵文智等研究了额济纳绿洲植被生态需水量。胡顺军等从冲洗定额的构成出发,对塔里木河流域典型灌区进行调查分析,初步确定塔里木河干流流域防治耕地盐碱化的生态需水量定额约为 1 500 m^3/hm^2。陈亚宁等研究提出干旱内陆河流域生态脆弱区的生态安全分析是以水文过程研究为核心的,水文过程控制着生态过程,天然植被恢复和生长的合理地下水位是确立生态需水量的基础。李强坤等在简要分析额济纳地区水分 – 绿洲驱动演变的基础上,分析了额济纳地区未来供水条件,提出了基于生态功能考虑的干旱区生态需水量计算方法。马乐宽等对不同级别流域的生态环境缺水问题进行深入分析,从而快速识别生态环境缺水严重的区域,同时提出了流域生态环境需水与缺水快速评估方法,并在延河流域进行了验证。赵长森等提出了一种估算闸坝下游河道内生态需水的方法,即改进的生态水力半径法,该法能够同时计算输出相应河段的生态水位。韩宇平等对宁夏引黄灌区非农地(荒地)、湖泊湿地、人工防护林、城市以及地质的适宜需水量采用相应的计算方法进行计算并进行汇总分析。郝博等以甘肃省民勤县为例,采用联合国粮农组织(FAO)提出的干旱区受破坏非完全覆盖的天然植被生态需水计算方法,计算植被生态需水定额,并根据不同类型植被的生态植被面积,获得植被生态需水量和生态缺水量。叶睿等研究了干旱区河谷林生态需水的概况,并以新疆阿尔泰山前平原布尔津河出山口以下河段的河谷林为例,计算了研究区内河谷林生态需水量。齐拓野等研究认为湿地生态需水量是指为保证特定发展阶段的湿地生态系统结构与功能并保护生物多样性所需要的一定质量的水量,同时对阅海湿地生态需水量采用功能法进行了分级计算,得出了阅海湿地 2008 年 5 个级别的生态需水阈值。冯起等在分析石羊河流域下游地区生态系统组成的基础上,推算了下游民勤绿洲生态系统生态需水。孙才志等估算了基于生态水位约束的下辽河平原地下水生态需水量。刘新华等采用潜水蒸发和面积定额法估算了塔里木河下游生态需水量。潘扎荣等基于河流天然径流的变化特征和生态水文过程对径流的年内动态需求,提出了一种新的河道基本生态需水计算方法——生态需水年内展布计算法。张华等估算了极端干旱区尾闾湖东居延海生态需水。陈伟涛等论述了内陆干旱区依赖地下水的植被生态需水量研究关键科学问题。李金燕和张维江估算了宁夏地区中南部干旱区域林草植被生态需水量。韩宇平等通过分析北运河河流水环境质量状况,提出了分段量化研究河流生态需水量的方法。黄亮等基于 IFIM 法研究了红水河来宾段敏感生态需水。陆建宇等研究了沂沭河流域河流生态径流及生态需水。潘扎荣和阮晓红利用时间序列法、Mann - Kendal 检验法、聚类分析以及 GIS 空间分析功能对淮河流域河道内生态需水保障程度时空特征进行了解析,同时开展了基于水土保持、生态安全、生态保护、生态功能等方面的生态需水研究,取得了一些可喜的成果。李强坤、郭巧玲、司建华和杨立彬等从不同方面研究了黑河下游额济纳绿洲生态需水。

从总体上来看,国内的生态环境需水研究大多集中在干旱区生态需水、河流生态环境需水、湿地生态环境需水、河流湖泊生态环境需水以及城市生态环境需水等方面。尽管各方面都取得了一些成果,但针对干旱内陆河流域绿洲生态需水的研究相对欠缺,尤其是系统研究流域生态需水过程、生态需水空间演变规律以及基于生态需水的水资源配置方案与生态需水阈值比较少见。

1.4.3 生态环境需水计算方法研究进展

刘昌明等认为流域生态需水包括河道外生态需水和河道内生态需水两部分,对于河道内生态需水,则根据水体类型的不同分为河流、湖泊和湿地生态需水;对于河道外生态需水,根据生态系统类型和植被类型的差异进行划分,如林、灌、草需水等。

1.4.3.1 河流生态环境需水计算方法

目前,国际上对于河流生态需水计算方法研究较为成熟,可分为四类:水文学方法、水力学方法、生境模拟法、综合法。水文学方法最简单,也最具代表性,以历史流量为基础,根据简单水文指标对设定河流流量,直接获取历史流量中年天然径流量的百分数作为河流生态需水量的推荐值。典型方法有 Tennant 法、Texas 法、7Q10 法、RVA 法、NGPRP 法和基本流量法等。此法现场不需要测定数据,但未考虑流量的丰、枯水年变化和季节变化以及河段形状的变化。水文学方法主要用来评价河流水资源开发利用程度或作为在优先度不高的河段研究河道流量推荐值使用。水力学方法是根据河道水力参数如宽度、深度、流速和湿周等确定河流所需流量(实测或曼宁公式计算)。典型方法有湿周法、R2Cross法、CASIMIR 法等。水力学方法只需要进行简单的现场测量,不需要详细的物种—生境关系数据,数据容易获得,但忽视了水流流速变化,未能考虑物种及其生命阶段对流量的不同需求。生境模拟法是根据指示物种所需的水力条件确定河流流量,为水生生物提供适宜的物理环境,定量化并基于生物原则的物理实验模型的方法。典型方法有 IFIM 法、PHABSM法、水力评价法、Basque 法等。该方法将其重点放在一些河流生物物种的保护上,而没有考虑诸如河流规划以及包括河流两岸在内的整个河流生态系统,由此计算出的生态流量值,并不符合整个河流的管理要求。综合法从系统整体出发,根据专家意见综合研究流量、泥沙运输、河床形状与河岸带群落的关系,使推荐的河道流量同时满足生物保护、栖息地维持、泥沙沉积、污染控制和景观维护等功能。典型方法有 BBM、整体研究法、专家小组法。国内研究者将水力分析与生境评价相结合,提出了基于生境适宜性评价和模拟的方法,如 IFIM 法、整体耦合法(BBM 法)和完整性方法评估,包括源区、河道、河岸带、洪泛区、地下水、湿地和河口地区,其中整体耦合法对于维持河流廊道系统功能的完整性有重要价值,是今后研究的重点。除以上方法外,国内关于河流生态需水量化方法的主要代表是最小月平均流量法和月(年)保证率假设法。最小月平均流量法以河流最小月平均实测径流量的多年平均值作为河流的基本生态需水量。月(年)保证率假设法是根据国内实际,对 7Q10 法进行改进,一般采用近 10 年最小月平均流量或 90% 保证率最小月平均流量作为河流最小流量设计值。

1.4.3.2　湖泊、湿地生态环境需水计算方法

湖泊生态需水量是指为维持湖泊功能不受破坏而每年因消耗所需要补充的水量。湖泊生态需水量研究方法主要有水量平衡法、换水周期法、功能法、最小水位法、天然水位资料统计法、湖泊形态分析法和生物空间最小需求法。水量平衡法是根据湖泊水量平衡原理来确定湖泊生态环境需水量的方法。出湖水量有蒸发、渗漏、流出等项目,入湖水量包括上游来水等。要使湖泊的蓄水量保持平衡,需要根据出湖水量与入湖水量的差值来补充相应的生态环境需水量。换水周期法主要用于人工湖泊的需水计算。换水周期是指全部湖水交换更新一次所需的时间,将湖泊总水量除以换水周期,即可得出单位时间内所需的水量。最小水位法是指综合考虑湖泊生态系统各组成部分的需求以及满足湖泊主要生态环境功能的需要,确定出最小水位以及水面面积,结合湖泊的形状来确定湖泊生态环境需水量的方法。由于我国缺乏对湖泊敏感物种及其与水环境关系的研究,采用杨志峰等提出的最小水位法更加适用于计算湖泊生态需水量。刘静玲等根据湖泊的基本特征分析生态需水的内涵,辨识了湖泊生态需水量的不同计算方法和相应指标体系,并通过实例进行了分析和估算。徐志侠等根据湖泊水文循环原理,提出吞吐型湖泊生态需水的组成及计算方法。刘燕华根据区域气候,按照湖泊水面蒸发量的百分比划分了高、中、低三个等级,估算湖泊生态需水量。崔保山等提出湿地生态系统生态需水量包括湿地植被需水量、湿地土壤需水量和湿地野生生物栖息地需水量,并给出了相应的计算方法。

1.4.3.3　植被生态环境需水计算方法

以植被为主体的河道外生态需水主要考虑不同的生态类型(林、草等),分析不同植被类型的生态耗水机制,研究为改善生态环境,植被覆盖度发生变化后的生态环境需水量。植被生态需水研究主要集中在中国干旱半旱区,其生态需水量包括保护与恢复天然植被需水量、水土保持用水量、排盐用水等。计算植被需水量的关键是计算植被蒸散量,诸多学者采用不同方法估算植被需水量,如实测蒸腾量法、阿维杨诺夫公式、潜水蒸腾法、区域水量均衡法、生态系统模拟和耗水量法、彭曼公式、SPAC 模型、面积定额法(直接计算法)、基于遥感和 GIS 的方法等。

1.4.4　问题的提出

从国内外研究现状分析可知,尽管有不少学者对生态需水进行了大量研究,并取得了一些可喜的成果,同时这些成果也大大提高了我国流域水文、水资源及生态需水的研究水平,但还存在一些问题:①干旱内陆河流域维持生态系统良性循环最低限度生态需水量是多少? 占流域水资源的比例是多少? ②考虑流域经济社会发展变化和用水量的刚性增加

需求,以及气候环境变化导致流域水资源总量变化的特点,在不同的历史时间段(如20世纪80年代、90年代,21世纪的2000~2020年),流域生态需水比例的变化范围控制在多少为宜? ③在干旱内陆河流域,如何确定适宜生态需水量? 如何保证生态需水量的实施? 如何确定流域生态需水阈值? ④在流域的生态水文变化中,如何客观定量地估算流域生态需水量? 如何定量识别并合理处置人类活动影响下流域生态需水过程及其时空变异性?

　　针对上述问题,本研究以疏勒河流域中游绿洲为研究区,应用遥感和GIS技术方法,划分生态功能分区,对疏勒河流域生态需水类型进行调查与界定,并分析其特征;基于国内外生态需水研究理论和方法,探讨适宜内陆河流域绿洲生态需水计算方法,建立流域中游绿洲生态需水定量化模型,定量估算流域中游绿洲生态需水量;借助于地统计学方法和空间分析方法,研究疏勒河流域生态需水过程与阈值,揭示流域中游绿洲生态需水时空变异规律;提出中游绿洲不同生态保护目标的生态需水调度方案,阐述基于生态需水的流域水资源空间分布格局、配置方式和作用机制,探讨维系疏勒河流域中游绿洲生态安全的生态需水阈值,为疏勒河流域中游绿洲水资源合理配置和优化利用提供科学依据。

1.5　研究目标与研究内容

1.5.1　研究目标

　　通过疏勒河流域中游绿洲生态需水类型及特征研究,阐述流域绿洲生态需水时空分布规律与分异特征,提出不同保护目标的生态需水配置规律与生态需水调度方案;提出适宜疏勒河流域绿洲生态需水计算方法,定量估算流域中游绿洲生态需水量;建立基于生态过程的流域中游绿洲生态需水定量化模型,提出流域绿洲生态需水阈值,确定满足生态环境需水的水资源配置方案,提出水资源高效利用保障技术,阐述基于生态需水的流域水资源的空间分布格局、配置方式和作用机制,发展干旱区流域水文学理论,为干旱区水资源的合理配置和优化利用提供理论依据。

1.5.2　研究内容

1.5.2.1　疏勒河流域中游绿洲生态需水类型及特征

　　根据研究区生态保护和生态恢复目标,在分析研究区生态环境现状、生态敏感性和生态演化的基础上,结合流域生态环境治理存在的问题,运用遥感和GIS技术方法,进行绿洲区生态功能分区,确定生态治理重点区,研究流域中游绿洲生态环境需水内涵及类型,进行生态需水分区,分析不同生态需水分区的生态环境需水规律,研究不同类型生态需水特征。

1.5.2.2　疏勒河流域中游绿洲生态需水定量化模型研究

　　基于研究区不同类型(天然植被需水量、湖泊河道蒸发需水量、地下水位恢复需水量等)生态需水特征,结合生态功能分区,确定各类型生态需水计算方法,提出疏勒河流域中游绿洲生态需水合理定量化方法,计算流域内各分区不同类型生态需水,估算中游绿洲生态需水量;分析确定不同类型生态需水所需的各类参数,建立基于生态过程的不同类型生态需水定量化模型,模拟流域中游绿洲生态需水,定量识别不同类型的生态需水量,分析中游绿洲生态需水与水资源合理配置的关系,提出中游绿洲满足生态环境需水的水资源配置方案。

1.5.2.3　疏勒河流域中游绿洲生态需水过程研究

针对疏勒河流域中游绿洲生态需水类型,研究流域中游绿洲生态需水随时间、空间变化的规律性和差异性,确立不同目标下流域生态需水时空分异特征;利用 ArcGIS 空间分析功能,结合空间插值方法,研究中游绿洲生态需水空间分布规律,提出中游绿洲不同保护目标的生态需水配置规律。根据研究区水资源分布特点,生态环境需水类型,结合区域水资源配置目标与原则以及社会经济发展预测,研究在满足研究区生态环境需水情况下区域水资源配置方式和配置方案。

1.5.2.4　疏勒河流域中游绿洲生态需水阈值研究

基于上述研究,估算中游绿洲不同类型生态需水的最大值、最小值和最适值,分析不同时间段流域中游绿洲生态需水比例变化控制范围,研究提出中游绿洲生态环境需水阈值,确定在满足研究区生态环境需水情况下区域水资源的配置方式和配置方案。

1.5.2.5　基于生态需水的疏勒河流域中游绿洲水资源保障技术研究

根据研究区水资源特点,结合基于生态需水的水资源配置方案,提出适合内陆河绿洲区的水资源保障技术,综合分析不同生态类型下绿洲水资源优化配置体系,集成提出干旱绿洲区水资源高效利用技术体系。

1.6　技术路线

基于国内外生态需水研究理论与方法,以水文、气象、土地覆被及相关辅助性数据为基础,运用水文学、水文地质学、地理学、地统计学等多学科方法和原理,应用遥感和 GIS 技术方法,开展疏勒河流域中游绿洲生态需水类型研究,界定研究区生态需水类型,并分析其特征;利用模型分析法,开展流域中游绿洲生态需水定量化模型研究,建立基于生态过程的不同类型生态需水的定量化模型,定量评价生态需水变化对流域水资源的响应;利用空间分析方法,开展疏勒河流域中游绿洲生态需水过程研究,确立不同目标下流域生态需水时空分异特征,提出中游绿洲生态需水调度方案;开展疏勒河流域中游绿洲生态需水量计算,提出适宜疏勒河流域中游绿洲生态需水合理定量化方法,估算中游绿洲生态需水量;开展疏勒河流域中游绿洲生态需水阈值研究,建立适合疏勒河流域中游绿洲生态需水的阈值模型,提出中游绿洲生态环境需水阈值;开展基于生态需水的疏勒河流域中游绿洲水资源保障技术研究,提出中游绿洲水资源高效利用保障技术,揭示流域水资源分布对生态需水作用机制,阐明流域生态需水规律与水资源相互影响的互馈机制。其技术路线见图 1-1。

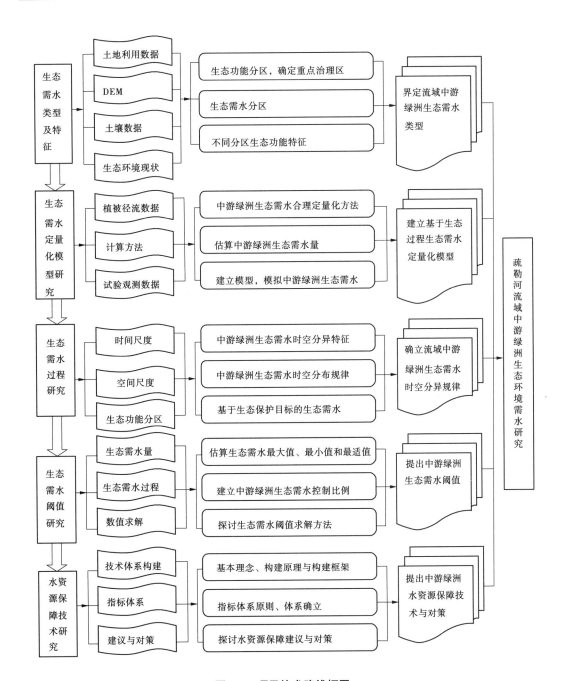

图 1-1 项目技术路线框图

第 2 章　流域绿洲生态环境需水理论

2.1　基本概念

2.1.1　生态环境需水定义

关于生态环境需水的概念仍存在许多分歧,国内外学者从不同角度给出了定义。中国工程院《21 世纪中国可持续发展水资源战略研究》中将广义生态环境需水定义为:维持全球生物地理生态系统水分平衡所需用的水,包括水热平衡、水沙平衡和水盐平衡等;狭义的生态环境需水是指为维护生态环境不再恶化并逐渐改善所需要消耗的水资源总量。也有学者认为生态环境需水应指"为维护生态环境不再进一步恶化并逐渐改善所需要的地表水和地下水资源总量"。王芳等则认为生态环境需水量是指为维护生态系统稳定、天然生态保护和人工生态建设所消耗的水量,根据水分来源的不同,将生态需水划分为可控生态需水和不可控生态需水。就河流生态系统而言,河流生态环境需水量是指为维持地表水体特定的生态环境功能,天然水体必须储存和消耗的最小水量。严登华等认为河流生态需水是指为维持地表水体特定功能所需要的一定水质标准下的水量,具有时间上和空间上的变化。生态环境需水量的研究对象是生态系统,所以其定义也应该从生态系统入手。

生态系统是指在一定空间中共同栖居着的所有生物与其环境之间由于不断地进行物质循环和能量流动过程而形成的统一体。生态环境需水的研究对象是生态系统,生态系统由生物环境和无机环境组成,所以生态环境需水可分为两个组成部分:生态需水和环境需水。

生态需水是在特定生态目标下生态系统达到某种生态水平所需要的水量,或是发挥期望的生态功能所需要的水量,水量配置是合理的、可持续的,由生物自身生存所需水量和生物体赖以生存的环境需水量两部分组成。其实质是维持生态系统中生物群落和栖息环境动态稳定所需的水量,在天然生态系统保护或生态系统修复改善中所需的水资源总量。Shelford 指出生物的存在与繁殖,要依赖于某种综合环境因子的存在,只要其中一项的量(或质)不足或过多,超过了某种生物的耐受限度,则使该物种不能生存,甚至灭绝。水作为一个限制因子,生物对其也应该有一定的耐受范围。对于给定的生态系统,其生态需水量是一个阈值,有其上下限,超过限值就会导致生态系统的退化。生态需水不但与生态系统中生物群体有关,还与气温、土壤等环境因素有关。只有在给定的生态环境目标下,生态需水才具有明确意义。

环境需水是指为了保护和改善人类居住环境以及水环境所需要的水资源需求。主要包括改善用水水质、协调生态环境、回补地下水、美化环境和休闲娱乐用水。国内外在环境需水的概念上没有统一的定义。在美国,环境需水指服务于鱼类和野生动物、娱乐及其他具有美学价值目标的水资源需求。在澳大利亚,关于环境需水量的概念比较统一,就是指维持生态系统价值,并且使系统处于低风险的需水量。在我国,环境需水被看作满足水质改善、生态和谐与环境美化目标的水资源需求。环境需水实质上就是为满足生态系统的各种基本功能健康无机环境所需的用水。只有在明确生态环境目标功能的前提下,环境需水才能够被赋予具体的含义。

综上所述,生态需水是指维持生态系统中生物物体水分平衡所需要的水量,主要包括维护天然或人工植被以及水生植物所需要的水量,保护水生和陆地动物生存、繁殖所需要的水量。环境需水则是指为给生态系统中的动植物提供稳定的生存环境、无机环境所需要的水量,主要包括改善用水水质所需要的水量。例如,在枯水期应该保证河流的枯水期最小流量和污染物稀释水量;为协调生态环境,维持水沙平衡、水盐平衡需要保持一定的输沙、排盐水量;为遏制超采地下水所引起的地质环境问题,需要一定的回灌用水回补地下水等。

生态和环境是互相关联又彼此独立的系统,将生态需水和环境需水分开探讨主要是出于计算方便的原因。广义地讲,生态环境需水可以被认为是维持全球生物地理生态系统水分平衡所需的用水,包括水热平衡、水沙平衡、水盐平衡用水等。狭义地讲,生态环境需水可以被视作维护生态环境不再恶化并有所改善所需的水资源总量,包括为保护和恢复内陆河流下游天然植被及生态环境的用水、水土保持及水土保持范围之外的林草植被建设用水、维持河流水沙平衡及湿地和水域等生态环境的基流、回补区域地下水的水量等方面。广义的生态环境需水概念对研究大尺度的水资源系统较为适用,例如全球的水循环,方便考虑各种系统功能及其相应的物质运动,而狭义的生态环境需水概念对水资源供需矛盾突出和生态环境脆弱的干旱半干旱地区系统分析相对适合。针对不同的系统和不同的生态环境功能需求,生态环境需水可以不同的形式出现。河流生态环境需水和湿地生态环境需水表现形式是不同的,其原因就在于系统功能要求不同。在这两个系统中,根据人们关注的具体功能又可细分为输沙需水,污染物稀释需水,航运、鱼类、景观需水,湿地生物体需水、湿地环境需水等。由于满足不同功能的需水并不总是能够分开的,因此生态环境需水的确定既要按照系统功能分别考虑,又要依据各功能之间的关系进行统一计算。

根据上述研究成果,生态环境需水是指在一定时空范围和特定的生态环境保护目标条件下,维持生态系统健康、系统内生物和无机环境所需要的满足一定水质要求和时间分布要求的水量。

2.1.2　生态环境需水内涵

根据生态环境需水的定义,本书认为其内涵包括生态需水和环境需水。进一步细划为:陆地植被需水,包括人工和天然植被,指维持植被不退化所需要的水量;陆地动物群落需水,指维持动物正常生理需求的饮用水和栖息地需水量;河道内水生动植物的需水量,指维持水生动植物正常生理功能和栖息地所需水量;维持河流水热平衡(蒸发)、水盐平衡(排盐、污染物稀释)、水沙平衡(输沙)等与生态过程相关物理过程需水量;湿地(沼泽、湖泊)需水量,指维持湿地基本功能和湿地内动植物耗水的需水量,维持湿地等水热平衡(蒸发)、水盐平衡(排盐、污染物稀释)等与生态过程相关物理过程需水量。

2.1.3　生态环境需水影响因素

2.1.3.1　水资源开发

　　水资源开发项目改变原有水位、水压、水量和水质。水位、水压和水量的变化对原有河流或者湖泊生态环境构成影响,直接影响项目所在地的生态环境需水量;水资源开发造成下游来水量减少,污染物得不到足够水量稀释,可能引起水质恶化现象发生,间接影响下游及沿岸生态环境质量和生态环境需水。

2.1.3.2　土地利用

　　土地利用改变原有植被覆盖、流域补给和排泄条件,这些随着气候、土壤、地形、地质和水文等自然地理条件的变化而变化。例如:不合理的农业生产活动极易使生态环境脆弱区的土地退化程度加重,导致植被退化,农业灌溉将影响地下水位和水质,影响植被的生态过程。植被覆盖率的变化直接影响生态环境需水量的大小。

2.1.3.3　生态环境开发

　　生态环境是人类社会经济发展原材料的来源,掠夺式开发,破坏了生态系统的平衡,改变了原有的水量平衡。

2.1.3.4　污染物排放

　　污染物排放对生态环境有着巨大的影响,特别是污水的排放,造成水生生态环境恶化。以河流为例,污水排放导致水生动植物死亡,直接影响河流基本生态环境需水量的大小,为了保护河流生态环境就必须削减污染物排放量或者增加河流对污染物的稀释流量。

2.2　流域绿洲生态环境需水研究机制

　　流域绿洲是由不同异质性区域组成的复合生态系统。一方面,从自然角度看,水是协调绿洲生态系统内在联系最重要的纽带;另一方面,从人文角度看,物质和能量交换是经济、社会和文化发展的重要保障。水文学和生态学是生态需水研究的主要支撑理论,因此流域绿洲生态需水研究也必须以该理论为基础。然而,流域绿洲又有其一定的特殊性,是由一系列复合生态系统组成的,包括河流、湖泊、沼泽、森林、草原、城市等子系统。研究流域绿洲生态需水不仅需要研究各子系统的生态需水,还要研究流域绿洲整体的生态系统需水,以及各子系统生态需水之间的有机联系。另外,从流域绿洲角度研究生态需水主要是为了满足水资源供给管理的要求。因此,水资源合理配置理论也成为流域生态需水研究的重要理论基础。

2.2.1　流域生态系统结构与特征

　　流域生态系统要维持一个健康水平,就必须满足可利用的水资源达到一定的水质、水量要求。根据流域生态系统的组成成分不同,可将生态系统划分为城市、农田、森林、湖泊、沼泽等子系统。流域生态环境主要依据流域范围内尺度的不同以及具有不同的分辨率进行进一步划分,流域内的生态环境需水量也是依照流域的生态环境需水层次进行计算的。

流域内所有生态系统的组成及结构均由流域的生态需水量所决定,流域生态环境需水量是生态系统自身具备的固有属性。然而,流域的生态环境需水并非是一成不变的,其依据生态系统的变化也在不断地发生改变。生态需水的改变无不给流域内生物活动带来一定影响,尤其是对人类。需水量的变化都基于一个固定的范围,如果超出了该范围,则给流域本身以及流域范围内的自然、生态带来一定影响,这种影响通常情况下是不利的。在研究流域的生态环境需水问题时,常常依据人类的社会经济发展需水量设定一个目标值,保证在达到生态环境需水要求的同时,满足既定目标。

2.2.2　流域绿洲生态系统与水的关系

水循环作为地球上基本的物质大循环中最为活跃的自然现象,深刻影响着流域绿洲生态系统的结构组成和功能发挥。良性的水循环可以保证流域绿洲内物质和能量的正常交换,维持流域绿洲内各生态系统之间的有机联系,保障流域绿洲生态系统处于稳定状态。另外,根据水量平衡原理,在某一特定区域内,水资源具有有限性的特点,水分亏缺会影响构成流域绿洲内生态系统的生物物质的正常生长发育,进而影响流域绿洲生态系统的结构与功能。

流域绿洲生态系统并非是一个封闭的系统,它每时每刻都在与其他的生态系统进行着物质和能量的交换,以维护自身的健康稳定。水在生态系统的物质循环过程中,扮演着物质和能量的双重身份。从狭义的角度来看,所有的物质和能量循环过程中,都有水的参与,并且其所处的位置举足轻重。从广义上来讲,有人类活动的生态系统都属于流域生态系统,而所有的水资源都是流域生态系统中最重要的一部分。从整体上来看,广义和狭义上的生态系统中,水资源的作用是基本相同的,生态用水都作为水资源的一部分,参与人类对水资源的合理配置过程中。水资源与流域生态系统间的相互关系主要表现在以下两个方面:其一,不合理的水资源利用给生态系统造成了严重的不良影响,如水资源的大肆开采、水资源浪费等已经造成许多河流的常年性断流,工业废水和生活污水的随意排放导致水体富营养化,极大地破坏了流域生态系统的平衡。其二,在对水资源的开采过程中,流域内的各种自然特征包括地形、地貌以及气象条件都是影响水资源开发的决定性因素。

流域绿洲生态用水是流域生态系统健康、稳定的重要条件之一,两者之间具有既相互影响又相互适应的复杂关系。流域绿洲生态系统的健康临界点与需水量的阈值上下限相对应,流域内生态水量低于或高于阈值下限或上限,都会使生态系统结构受到难以甚至不可恢复的破坏,继而失去正常的生态功能。如果生态水量能够处于正常阈值内,那么根据生态水量的大小,生态系统结构和功能将维持在相应的等级水平。因此,流域绿洲生态水量必须维持在适宜和理想的阈值内,才能使生态系统得到健康稳定的发展。

2.2.3　水资源合理配置理论

区域或流域水资源合理配置和实时调度,是水资源管理的重要组成部分。水资源合理配置中的"合理"是反映在水资源分配中解决水资源供需矛盾、各类用水竞争、上下游左右岸协调、不同水利工程投资关系、经济与生态环境用水效益、当代社会与未来社会用水、各种水源相互转化等一系列复杂关系中相对公平的、可接受的水资源分配方案。一般而言,合理配置的结果对某一个体的效益或利益并不是最高最好的,但对整个资源分配体系来说,其总体效益或利益是最高最好的。

传统的水资源配置总是就配置而研究配置,过分追求 GDP 的增长率,水资源配置仅在工业、农业、生活三方面进行,是一种忽视生态环境的不良配置模式。这种配置模式导致水在自然和社会经济中分配的不合理性,影响自然和社会的可持续发展,尤其是在一些缺水地区,大规模盲目及不合理的水资源开发利用,使本来就脆弱的生态环境日趋恶化。这种配置模式只考虑如何开发利用水资源以满足经济的发展需求,既没有真正把水资源配置置于生态系统的全局去考虑,也没有就这种开发对水文系统和生态系统的影响做出合理性评价和分析。因此,应建立基于生态系统的水资源配置模式,既要考虑生产、生活对水的需求,又要考虑生态系统和水文系统对水的需求以及它们之间的协调,把水资源配置放入生态环境这个大系统中考虑,即从传统的工业、农业、生活三方面的配水转变为基于生态系统的水资源合理配置,这将是水资源科学分配发展的方向。

在进行水资源合理配置的过程中,需水预测是其中的一个关键步骤,由二元水循环理论可知,需水预测需考虑社会、经济及生态等方面,而生态系统的健康制约着社会经济的发展,尤其是在内陆河流域的一些缺水地区,水在生态系统中具有决定性的作用,生态用水的满足程度,直接影响生态系统的功能与价值,也间接影响着人们的生存生活环境和社会经济的可持续发展。在配水过程中,应将生态环境用水量置于非常重要的位置,从生态系统的角度综合考虑水资源的分配问题。因此,生态需水的评估计算是水资源合理配置过程的关键环节,准确合理的生态需水计算结果可以为水资源合理配置提供科学依据。

2.3　流域生态环境需水原理

2.3.1　基本原理

生态环境需水基本原理包括水文学原理以及生态系统学原理,即水文循环与水量平衡、水热平衡、水沙平衡、水盐平衡等原理。

2.3.1.1　水文循环与水量平衡原理

区域水文循环与水量平衡是生态环境的物质基础。水循环的蒸发过程包括生物界的基本生理过程蒸腾作用,涉及生物生长发育。在水循环过程中,任一区域、任一时段进入水量与包括生态环境需水在内的输出水量之差和水的变化量要满足水量平衡原理,因而水循环和水平衡具有重要的生态意义。

根据生态系统水分循环过程,通常可得生态系统水量平衡关系为

$$P + R_{in} + G_{int} + S_{int} + V_{int} = E + R_{out} + G_{end} + S_{end} + V_{end} \qquad (2\text{-}1)$$

式中:P 为降水量,mm;E 为蒸散发量,mm;R_{in}、R_{out} 分别为入境水量和出境水量,m³;G_{int}、G_{end} 分别为初始和结束时的地下水量,m³;S_{int}、S_{end} 分别为初始和结束时的土壤含水量,m³;V_{int}、V_{end} 分别为生物体内时段前后的水量,m³。

2.3.1.2　水热平衡原理

根据生态学中的物理原理,水分在生态系统的物质循环与能量流动结构体中,既是物质循环的一部分,又是其他物质运转的载体和能量流动的媒介;地面的水分受热后要向空中蒸发(包括植物的蒸腾),使地表能量与水分的收支保持平衡关系。用热量平衡方程推求蒸发量的方法,称为热量平衡法。热量平衡方程为

$$R_n - H - H_e + H_a = H_s \tag{2-2}$$

式中:R_n 为太阳净辐射(太阳辐射、反射辐射、水体长波辐射三者之间的平衡值),J/min;H 为传导感热损失,J/min;H_e 为蒸发耗热量,J/min;H_a 为出入水流带进带出的平衡值,J/min;H_s 为水体储热变量,J/min。

由于 $H_e = LE$,L 是蒸发潜热,并令 $H = \beta H_e$,代入式(2-2)得

$$E = \frac{R_n + H_a - H_s}{L(1 + \beta)} \tag{2-3}$$

式中:β 为波温比(感热损失量与蒸发耗热量之比)。

这就是应用水热平衡原理建立的计算蒸发量的基本公式。

2.3.1.3　水沙平衡原理

河流上游的山丘区来水挟带着大量的泥沙,进入下游平坦地区以后,坡度陡然变缓,水量减少而使水流速度降低,河流泥沙沉淀、河道淤积,河道的淤积又引起泄洪困难等灾害问题。水沙平衡是指为达到河道泥沙的冲淤平衡而进行输沙、排沙所需要的水量。输沙水量可通过下式计算:

$$W_s(t,I) = \frac{S(t,I)}{C_{max}(t,I)} \tag{2-4}$$

式中:$W_s(t,I)$ 为 t 时段 I 河段的输沙需水量,m^3;$S(t,I)$ 为 t 时段 I 河段的多年平均输沙量,kg;$C_{max}(t,I)$ 为 t 时段 I 河段的最大含沙量多年平均值,kg/m^3。

2.3.1.4　水盐平衡原理

内陆河流域区域盐渍化是水盐不平衡造成的,即排水量不足,使盐分不断累积形成的。水盐平衡是指维持区域盐分平衡所需的排水量。区域水盐平衡可用下式表示:

$$M = m_1 + m_2 + E - P \tag{2-5}$$

式中:M 为水盐平衡用水量(冲洗用水量),mm;m_1 为在计划冲洗层内,冲洗以前的土壤含水量与田间持水量之差,mm;m_2 为冲走计划层内过多盐分所需要的水量,mm;E 为冲洗期内蒸发损失量,mm;P 为冲洗期内可利用的降雨量,mm。

2.3.2　一般原理

2.3.2.1　整体性理论

在流域的生态环境需水研究过程中,研究范围一般分为陆域部分与水域部分。随着对流域生态系统认识的不断深入,开始出现以四维时间分量来描述流域生态系统的应用理论。四维分量包含纵向维、横向维、垂向维以及时间维。所谓的纵向维生态系统,是将河流看作一个长的线性系统,范围包括从河流源头至河流出口,其间发生的一系列自然生态变化。河流断面向两岸延伸的方向是横向维,区间内包括靠近河流的两岸及岸边的动

植物,由此构成的生态系统。河流垂向范围包含河流断面的上下方向,其间不只受到蒸发和地下水的影响,还包括近水面的动植物及生活在河流底部地层中的有机体共同作用。流域系统的时间维主要是按照时间的变化,河道长度、宽度和弯曲度发生的自然改变,即使有外界条件介入,河流的改变也是需要很长一段时间才能显现出来的。

流域生态环境系统具有一定的动态特性,该特性主要来源于两个方面:一是河流内有机物质的运移;二是河流内生物的运动。由此可见,流域内水域和陆域在某些生态功能上具有相互依存的特性。流域内的陆域环境与水循环过程中的径流、蒸发、降水和地下水的运动都有十分密切的联系,因此对于流域内的生态环境需水研究,应该整体考虑流域内所有的水域生态系统和陆域生态系统部分。

2.3.2.2　物种耐性理论

生态学家 V.E.Shelofd 指出,环境因素是保证生物生存与进化的先决条件,假设一种环境因素未达到生物生存的最低限度,或者超过了生物生存所能承受的最大限度,此物种就不能在这样的环境条件下生存。参照物种耐性理论,某流域范围内出现环境因素改变,致使河流内水质不满足一定需求、水量不足以支撑河流存在的条件或者二者均不能达到。流域生态环境需水也具有耐性理论特点,倘若使生态系统维持动态平衡状态,则必须令水质或水量满足一个临界范围。如果河流水量或水质不包含于临界范围内,生态系统将向不良的方向发展。

2.3.2.3　生物多样性理论

生物多样性是不同物种及其生存环境的生态复合体以及相关的各种生态过程的总和。它包括各种生态系统、生物和数以万计的基因。流域内生物多样性非常丰富,主要因为其具有特殊的生态环境。近年来,人类活动的影响给流域的生态系统造成了严重的伤害。为了保持物种的多样性,维持生态系统平衡,在流域能够承受最大生态变化的基础上,应充分考虑维持生物多样性,确保最低条件下物种生存的用水需求。

2.4　流域绿洲生态环境需水特征

根据生态环境需水量概念和影响因素,生态环境需水量特征主要表现在时间性、空间性、动态性、量质耦合性和阈值性等方面。

2.4.1　时间性

对于不同类型的生态系统,其生态环境需水量季节和年际变化亦不相同,在确定区域生态环境需水量时,必须考虑不同时间尺度上的生态环境需水量的差异与尺度转换问题。对于河流而言,冬春枯水季节要保证最低流量,防止水生生态系统质量恶化,维持水生生物生存;在丰水期要利用洪峰流量来保证输沙水量;对于湿地来说,在夏季的蒸发需水远大于冬季,春季芦苇萌发耗水量占据了年度需水的一大部分,春季水量充足对湿地是至关重要的;对于陆地植被来说,夏季生长季节蒸腾作用旺盛,所需水分远大于秋冬季,即使年度生态环境需水量是满足的,某一特定需水时段的缺乏也会对生态系统造成不利影响。因此,进行生态环境需水的研究中,要求生态环境需水不仅要满足总量的需求,还要在时间上有一个合理的分配,保证生态环境功能的正常发挥。

2.4.2 空间性

生态系统的空间异质性必然导致生态环境需水量空间上的变化,同时也增加了研究需水量的难度和复杂性,尤其是不同空间尺度上生态环境需水量的转换问题。在空间尺度上,不同的生态系统如河流生态系统、植被生态系统、湿地生态系统等,生态需水量不同。生态环境需水不能脱离一定的区域范围而存在,具体的生态环境系统都具有一定的区域范围,在不同的地理分布区域,对维持生态系统平衡的水量及分布的需求有明显差异,生态环境的范围和内容不同。

2.4.3 动态性

特定时空范围内的生态系统需水量并不是固定不变的,人类对水循环的干扰或一些特殊的自然现象,使得生态系统发生演替,其需水量也随之而变。生态系统的变化形式包括季节变化、年际变化、演替与演化,生态环境需水量与生物群落、水的属性(水位、水压、水量和水质)以及地形有关。所以,生态环境需水量不是一个定值,而是一个变量。

2.4.4 量质耦合性

生态系统需水总量的保证包括低流量、冲沙水量、特殊目标水量等几个方面。自然低流量或断流周期在胁迫生态系统中起着重要作用,当胁迫和更大的压力导致有害影响时,生态系统是非常敏感的,特别要求低流量尽可能被保持接近于自然水位。冲沙水量是随着暴雨事件而来的,对于保持水生生态系统和渠道结构是非常必要的。因而一定频率的洪水事件对于维持河道结构和依赖的生态过程也是必要的。特殊目标水量是指供给特殊生态系统需求的水量。同时还要保证生态系统中水质的要求,满足生态系统中环境污染小、无污染的需求。

2.4.5 目标性

由于生态系统结构及服务功能的差异,不同地区有不同的生态环境特征,不同地区有不同的生态环境建设和保护目标,生态环境需水量也就不同。

2.4.6 可持续性

在区域可持续发展和区域水资源可持续利用前提下,生态环境需水和水资源承载能力是相互统一的,具有可持续性。

2.4.7 不可替代性

生态环境需水是区域各生态系统得以生存和发展的最基本因素之一,是任何其他因素所不能替代的,即生态环境需水的不可替代性。

2.4.8 阈值性

生态系统是开放系统,长期与外界进行物质能量交换,受外界影响很大,特别是受人类经济活动的过度影响,环境条件变化积累到一定程度时,会发生系统组成、系统结构和系统功能的改变。生态系统本身具有一定的自我调节能力,处于"生态临界"的生态系统都具有一定的生态阈限,即只有扰动超越了其上限或下限,生态系统才不能自控而产生恶变或崩溃。因此,生态环境需水具有阈值性。根据最小因子限制定律,生物对其生存环境的适应有一个生态学最小量和最大量的界限,生物只有处于这两个限度范围之间才能生存,这个最小到最大的限度称为生物的耐受范围。

生态环境需水量临界阈值的确定是一个复杂问题,需要从水的年际变化和生态系统结构与功能来研究和判定。如果可供利用的水资源过少,将不能满足生物基本生长或者存活需要,生态系统将退化甚至消亡;可供利用的水资源过多,超出了生态系统的耐受限度,也必将影响其健康。根据系统来水量的差异,丰水年、平水年和枯水年会导致区域生态系统不同的生态特征,因而以不同的年份作为评价基础,生态环境需水量的计算结果会明显不同,需要应用整体分析方法,要兼顾时空尺度耦合。

2.5 流域绿洲生态环境需水类型

生态系统类型不同,结构和功能存在着差异,生态系统对水质和水量的要求不尽相同。由于研究对象与目的不同,因而对生态需水具体的理解和划分方法与结果均有所不同。

2.5.1 按照时间阶段来划分

按照时间阶段来划分,可分为历史生态环境需水、现状生态环境需水、未来生态环境需水。历史生态环境用水根据过去某一年份或某一阶段的历史资料进行计算;现状生态环境需水按照现状年份资料进行计算;未来生态环境需水可依据预测或规划某一区域及状态下生态景观进行估算。

2.5.2 根据水资源系统及需水区域划分

根据水资源系统及需水区域可分为河道内生态环境需水和河道外生态环境需水。河道内生态环境需水量是为改善河道生态环境质量或维护生态环境质量不至于进一步下降时河道生态系统所需要的一定水质要求下的最小水量。河道外生态环境需水量主要指维持河道外植被群落稳定所需要的水量,主要包括:①天然和人工生态保护植被、绿洲防护林带耗水量,主要是地带性植被所消耗降水和非地带性植被通过水利供水工程直接或间接所消耗的径流量;②水土保持治理区域进行生物措施治理需水量;③维系特殊生态环境系统安全的紧急调水量(生态恢复需水量)。

2.5.3　根据生态系统形成原动力划分

根据生态系统形成原动力的不同,生态系统可分为天然生态系统和人工生态系统,故将生态环境需水分为天然系统生态环境需水和人工系统生态环境需水。天然系统生态环境需水是指基本不受人工作用影响的生态环境所需的水量,包括天然水域、湿地、植被需水;人工系统生态环境需水是由人工直接或间接影响作用维持的生态环境需水量,包括农业、林地、城市河湖、水库、池塘需水等。

2.5.4　按照空间尺度划分

按照空间尺度可分为景观生态环境需水、区域生态环境需水、流域生态环境需水。景观生态环境需水强调了嵌块体和廊道需水,注重空间结构的研究,常以 GIS 为技术支撑、景观生态学为理论基础进行生态环境需水量的研究。区域生态环境需水主要针对水资源敏感地区进行,特别是干旱、半干旱及半湿润地区,由于水资源的缺乏,这些地区存在长时间、大范围、深程度的资源型、工程型及水质型缺水,加剧了城市与农村、工业与农业、经济与生态间的用水竞争。从全流域的角度,研究不同环境梯度下生态环境需水的差异,揭示梯度与生态环境需水的函数关系,特别是上、中、下游生态环境需水的时空变化规律。

2.5.5　按照保证生态系统好坏程度及生态环境保护目标划分

(1)现状生态环境需水:在现状条件下,为维持和保护现状生态环境不致进一步恶化所需要的一定质量的水。

(2)目标生态环境需水:指生态系统达到某一目标状况时的用水。根据发展需要制定生态系统目标,有利于生态环境保护与水资源合理分配。

(3)最小生态环境需水:对于植物生长不好、生态系统完整性较差,但能维持生态环境系统结构功能的完整所需要的最小水量。

(4)适宜生态环境需水:生态环境质量达到适宜即对应的植物生长较好、生态系统完整,处于使社会经济和生态环境协调发展的状态。

(5)生态恢复需水:特指在生态退化地区,为了挽救退化生态系统或者使生态系统恢复到一定状态所需的用水量。

(6)最大生态环境需水:当水量超过某一定量时,生态系统受到过多水分的影响而下降,产生不可逆转的破坏,此时的临界最大水量即最大生态环境需水量。

2.6　疏勒河流域中游绿洲生态环境需水理论框架

2.6.1　疏勒河流域中游绿洲生态系统类型

生态需水量更确切地说应是生态系统需水量,理解生态需水量首先要从生态系统谈起。生态系统是在一定空间内由生物成分和非生物成分组成的一个生态学功能单位,包括人类的生命支持系统——大气、水、生物、土壤和岩石,这些要素相互作用构成一个有机整体,即人类的自然环境。生态系统根据地理条件的不同分为水生生态系统和陆地生态系统两大类。生态系统向人类提供了极其重要的"生态服务"功能,主要包括:一是植物进行光合作用并生产氧;二是细菌处理有机废物并维持良好水质;三是流域植被建设能有效减洪,并提供稳定的基流与泉水;四是坡面和河川径流为生活、生产提供水源,并为陆地生态系统和野生生物所利用;五是健康的生态系统能确保生物多样性的维持和水资源系统的良性循环。生态系统服务功能是人类生存与现代文明的基础,生态系统需要水资源系统维持其功能并提供生态服务。

根据生态系统的环境性质和形态特征,采用水生生态系统与陆生生态系统相结合的原则,来划分疏勒河流域中游平原区生态系统类型,即河流作为一种水体,按水生生态系统来划分;同时河流又是占据一定陆域面积的区域,也可以按陆地生态系统划分。作为陆地地域依据自然与人工植被,划分为自然绿洲、人工绿洲、荒漠等类型。各生态系统类型级次单位分别依据不同标准再进行细分(见图2-1)。

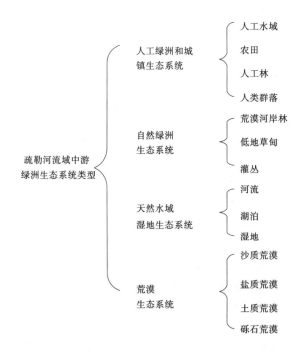

图 2-1 疏勒河流域中游绿洲生态系统类型示意图

2.6.2 疏勒河流域中游绿洲生态环境需水内涵

针对疏勒河流域中游绿洲严重的生态问题,提出的生态环境需水量是指为维持中游天然及人工绿洲面积和绿洲防护植被、恢复中游生态系统功能、保护河流湖泊等,实现生态系统稳定和平衡所需的水量和恢复地下水位所需的水量,同时也指在实现生态恢复过程中的生态保护与恢复建设需水量,这里的生态需水既考虑了生态中植被的蒸腾蒸发需水,又考虑了在水资源配置过程中供给恢复地下水位所需的地表水资源量。所以,生态需水的内涵包括两个方面,一是研究区域现状生态环境背景下,保护和维持其天然及人工生态系统不再退化需要多少水量;二是针对生态环境已经恶化的地区,为改善该地区生态环境状况,维持该地区社会经济、生态环境的可持续发展,采取水资源调控配置措施恢复中游绿洲生态系统功能,在这种情况下,要根据中游绿洲生态环境恢复目标,确定所需要的生态环境恢复水量。

2.6.3　疏勒河流域中游绿洲生态环境需水研究体系

疏勒河流域中游绿洲生态系统是一个复合生态系统,内部包含一系列子系统,包括河流、湖泊、沼泽、草原和城市等。从流域中游绿洲尺度研究生态需水必须首先建立合理的研究体系。

首先,必须明确流域中游绿洲生态系统的结构和功能,综合地形地貌、水文气象、植被类型、行政区划、人工和自然生态、水资源管理体制等对生态需水的影响,分析流域中游绿洲生态系统的需水特性。总体来说,流域中游绿洲生态需水具有整体综合性、空间连续性、时间差异性、自然与人控双重性等特性,具体应考虑流域中游绿洲重点典型生态系统,维持重要生态过程和水文过程,以及生态系统的时空变化规律。

其次,在上述对流域中游绿洲生态系统结构、特征及需水特征分析的基础上,进行生态分区。流域中游绿洲生态需水具有空间地域性的特点,生态状况的差异性使得生态需水的研究方法、计算参数及应用标准等也不同。因此,分区是计算流域生态需水的基础。

最后,根据水文水循环、生态学等基础理论将整体流域中游绿洲划分模块,并在此基础上进行分区和分类。由水文和生态的相互关系以及流域中游绿洲的复杂性可知,研究流域中游绿洲生态系统,不仅包括水生态系统,如河流生态系统、湖沼生态系统等,还包括陆地生态系统,如林地、草地生态系统、农田生态系统等。因此,把流域中游绿洲看作一级模块,划分为水生态系统和陆地生态系统两个二级模块,进而依次分解到三级模块。

依据上述模块划分原则,考虑到流域中游绿洲生态系统的复杂性,流域中游绿洲生态系统过程是流域绿洲内不同类型过程综合作用的结果,而水循环将不同类型生态系统联系起来,形成一个有机整体。由水循环生态效应可知,水循环过程与生态系统的演变关系密切,降水到达地面后,在形成地表径流过程中,对地表植被等生态景观起重要支撑作用。径流汇集到河槽、湖盆之后,维护水生生物繁衍进化,自身形成水生态系统。从流域尺度研究生态需水,必须分析不同类型生态系统满足不同功能的生态需水及它们之间的联系。因此,研究从生态系统类型和生态环境功能两个层次上建立流域中游绿洲生态环境需水研究体系,具体见表2-1。

2.6.4　疏勒河流域中游绿洲生态需水类型划分

在总结各领域专家研究成果的基础上,基于生态环境需水内涵和类型,将疏勒河流域中游绿洲生态环境需水分类如下。

2.6.4.1　按照保护和维持生态环境目标及时间划分

据此,生态环境需水可划分为现状生态需水、恢复地下水合理生态水位需水、最小生态环境需水、目标生态环境需水、适宜生态环境需水、最大生态环境需水。

表 2-1　疏勒河流域中游绿洲区生态环境需水研究体系

一级模块	二级模块	三级模块	生态功能
流域中游绿洲	水生态	河流	河道内需水(包括水生动植物需水、自净需水、输沙、蒸发消耗、与地下水的补排关系)
		湖库(沼泽、池塘)	水域(景观娱乐和栖息地、滞洪等)需水、水生动植物需水、蒸发和渗漏(与地下水的补排关系)损耗
		人工水生态(输排水沟渠、鱼塘、景观水域等)	水域(景观娱乐和栖息地、滞洪等)需水、水生动植物需水、蒸发和渗漏(与地下水的补排关系)损耗
	陆地生态	林地	林木需水(生理需水、蒸发蒸腾)、土壤和地下水蒸发需水
		草地	草地需水、土壤和地下水蒸发需水
		裸地	土壤和地下水蒸发需水
		混合生态	植被需水、土壤和地下水蒸发需水
		农业生态	植被需水、土壤和地下水蒸发需水
		城市旱地生态	植被需水、土壤和地下水蒸发需水

2.6.4.2　按照生态系统分类及景观格局划分

生态环境需水分为天然绿洲生态需水和人工绿洲生态需水。天然绿洲生态需水包括植被生态需水和水域生态需水。植被生态需水由天然乔灌林、草地、荒漠植被、植被盖度小于5%的荒漠区蒸发和盐渍化草甸植被需水组成。人工绿洲生态需水主要指人工绿洲生态系统,包括防护林、草本植物、农田耕地、人工水域等(见表2-2)。

表 2-2　疏勒河流域中游绿洲生态环境需水分类

需水类型		组成成分	含义
天然绿洲生态	植被生态	天然乔灌林	以胡杨、柽柳、沙枣为主
		草地	芦苇、芨芨草
		荒漠植被	珍珠、红砂、泡泡刺和戈壁针茅
		荒漠区蒸发	植被盖度<5%的荒地
		盐渍化草甸植被	在绿洲边缘的低地和其他盐碱化土地上的喜盐植物
	水域生态	河道蒸发	河道水面蒸发和渗漏
		湿地	湖泊等水面蒸发和渗漏
人工绿洲生态		防护林	防风林带、防风固沙灌木林和人工林带
		草本植物	隐域性草本植物,如草地、人工草地
		农田耕地	小麦、玉米等(农田由人工灌溉,未计算生态需水)
		人工水域	城市河湖、池塘、水库

　　根据研究目的及研究区具体情况,主要研究受水资源短缺影响的疏勒河流域中游天然绿洲生态系统、人工绿洲生态系统的生态环境需水,具体包括植被生态系统、河流生态系统、荒漠生态系统和农田生态系统。面对不同的系统和不同的功能需求,生态环境需水量可以以不同的形式出现。由于满足不同功能的需水并不总是能够截然分开的,因此生态环境需水量的确定既需要按照系统功能分别考虑,又需要依据各功能之间的关系进行统一计算。

　　由此可见,疏勒河流域中游平原区生态环境需水量是在一定时空尺度和特定生态环境保护目标条件下,维持生态系统价值、生物多样性和最低系统风险的需水量。主要包括:①天然植被需水量;②湿地需水量,维持湿地(含沼泽、湖泊等)基本功能和湿地内动植物耗水需水量;③河道内水生动植物需水量,维持水生动植物正常生理功能和栖息地所需水量;④维持河流、湿地等的热平衡、盐平衡、沙平衡、营养平衡等与生态过程相关的地球物理过程的需水量;⑤防治耕地盐碱化环境需水量。

第 3 章　研究区概况

3.1　自然地理特征

3.1.1　地理位置

疏勒河流域位于甘肃省河西走廊西部,东至嘉峪关—讨赖南山以讨赖河为界,西面与新疆维吾尔自治区塔里木盆地的库穆塔格沙漠毗邻,南起祁连山的疏勒南山、阿尔金山脉的赛什腾山、土尔根达山,与青海的柴达木盆地相隔,北以北山和马鬃山与蒙古人民共和国和我国的内蒙古自治区接壤。流域范围在东经 92°11′~99°00′,北纬 38°00′~42°48′之间。疏勒河流域可分为北部的疏勒河水系与南部的苏干湖水系两部分。流域总面积 16.998 万 km²,其中疏勒河水系 14.888 万 km²,苏干湖水系 2.11 万 km²。行政区划属于甘肃省酒泉市的玉门、安西、敦煌、肃北、阿克塞 5 县(自治县)市以及张掖市区肃南自治县的一部分。北部的疏勒河水系又可分为疏勒河干流、党河、榆林河、石油河及白杨河等。中游绿洲位于疏勒河流域中游的走廊平原地带,海拔 1 050~1 300 m,地势平坦开阔,分布有大片绿洲。独特地理位置和气候条件导致区域形成昼夜温差大、蒸发强烈的气候环境,属典型温带大陆性干旱气候,多年平均降水量 39.2~63.1 mm,蒸发量 2 469~2 869.4 mm,多年平均气温 6.95~9.42 ℃,行政区划包括敦煌、瓜州和玉门的绝大部分区域(见图 3-1)。

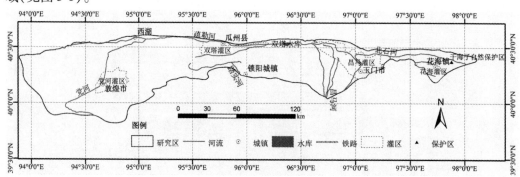

图 3-1　研究区示意图

3.1.2　地形地貌

疏勒河流域地形可分为南部祁连山地褶皱带、北部的马鬃山块断带、中部的河西走廊坳陷带三个地貌单元。南部祁连山有多条东西走向的平行山岭。主要山峰都在 4 000 m 以上,祁连山雪线以上终年积雪,有现代冰川分布,降水较多,植被良好,是水资源产流区。

苏干湖盆地完全位于祁连山内,海拔 2 500~3 000 m。北部马鬃山由数列低山残丘组成,海拔多在 1 400~2 400 m,地势北高南低。由于气候干燥,风力剥蚀严重,山麓岩石裸露,植被稀少。中部走廊平原区由于北山山脉的局部隆起,把走廊平原又分为南北两个盆地,按地貌类型划分为中游洪积冲积扇形平原(其中又可分为洪积扇形戈壁平原与扇缘细土平原两个子单元),下游冲积平原以及北山南麓戈壁平原三个地貌单元。

3.1.3　气候条件

疏勒河流域位于欧亚大陆腹地,远离海洋。东邻巴丹吉林沙漠,西连塔里木盆地的塔克拉玛干沙漠,北为马鬃山低山、丘陵、戈壁,南为祁连山崇山峻岭。太平洋、印度洋的暖湿气流被秦岭、六盘山、华家岭、乌鞘岭、大黄山、祁连山等山脉所阻,北冰洋气流被天山所阻。南方湿润气流虽可到达本区,但已成强弩之末,并经过广大沙漠、戈壁蒸发,空气中水汽很少,是我国极度干旱地区之一。

南部祁连山区,地势高寒,属高寒半干旱气候区,降水量 200 mm 左右,冰川区降水量最大可达 400 mm。年平均气温低于 2 ℃,具有四季变化不甚明显、冬春季节长而冷、夏秋季节短而凉的气候特点。

中部走廊地区属温带或暖温带干旱区,年平均气温 7~9 ℃,降水量 36~63.4 mm,蒸发量 1 500~2 500 mm(E601 蒸发皿),气候特点是:降水少,蒸发大,日照长(3 000~3 300 h),太阳辐射强烈(150~155 kcal/cm^2),昼夜温差大(13~17 ℃),年积温高(≥10 ℃的积温 2 900~3 600 ℃),干旱多风,冬季寒冷,是"无灌溉就无农业"的地区。在灌溉条件下,适宜于种植小麦、玉米、甜菜、胡麻、瓜类、啤酒花等作物,在敦煌和安西还适宜种植棉花。本地区灾害性天气主要有干旱、干热风、大风、沙尘暴、低温、霜冻等。

3.1.4　河流水系

疏勒河流域分苏干湖水系和疏勒河水系。苏干湖水系由大哈尔腾河和小哈尔腾河组成;疏勒河水系自东向西有白杨河、石油河(下游称赤金河)、疏勒河干流、榆林河、党河及安南坝河等。

白杨河及石油河发源于祁连山,出山后即被引用供玉门市工农业生产使用,洪水经新民沟、鄯马城沟、火烧沟、赤金河等流入花海盆地。

疏勒河干流发源于祁连山深处讨赖南山与疏勒南山两大山之间的沙果林那穆吉木岭。源头海拔 4 787 m,上游汇集讨赖南山南坡与疏勒南山北坡的诸冰川支流,经疏勒峡、纳柳峡、柳沟峡入昌马堡盆地,左岸有小昌马河汇入,出昌马峡后入走廊区,是河西走廊最大最完整的洪积扇,东起巩昌河,西至锁阳城,形成十余条辐射状沟道,其中一至十道沟和城河向北与西北流入疏勒河,巩昌河向东北经干峡、盐池峡、红山峡流入花海。另外有一部分水沿北截山南麓西流,汇榆林河,入安西—敦煌盆地。疏勒河干流全长 665 km,其中河源至昌马峡的上游段长 346 km,昌马峡至双塔水库坝址处的中游段长 124 km,双塔水库至哈拉湖的下游段长 195 km。

榆林河又称踏实河,在石包城以上,河流由泉水补给,北流出上水峡口,至蘑菇台,入南截山峡谷,出下水峡口,入踏实盆地,再北流过踏实城西流至北截山(属祁连山前山)

南,与东来的南北桥子泉水汇流成黄水沟,沿北截山南麓西流出芦草沟峡,入白旗堡滩漫流消失。1973 年榆林河水库修建后,基本无水入黄水沟。

党河全长 490 km。上游分为冷水河和大水河两支,均为戈壁河床,河水全部渗入地下,至乌兰瑶洞复以泉水出露,西北流至盐池湾乡,接纳许多小沟,西北流至大别盖,汇入最大支流野马河,在大小别盖附近,有大量泉水出露,形成沼泽地,再西北流出水峡口,水峡口至党河口之间,河床经过深切第三、第四纪峡谷,出党河口后,即流入党河冲积扇,经敦煌县城,北流到黄墩城在土窑洞西汇入疏勒河干流,终于哈拉湖。实际在 20 世纪 50 年代已无水入疏勒河。

与河西走廊各河流一样,疏勒河流域各河流在出祁连山山口以上为上游区,是河川径流的形成区,出山口以后,在走廊中部局部构造隆起处分为流域的中下游,中游为径流的引用处和入渗补给地下水的区域,在局部构造隆起处,地下水受阻而涌出成泉,成为下游的水源。下游的水资源与中游用水状况有着十分密切的关系。

3.1.5　土壤

疏勒河流域地域宽阔,山地、平原对照强烈,自然条件复杂。因此,在土壤形成过程和土壤类型上表现为多种多样,受不同高程、气候、植被的影响,垂直分带性十分明显。祁连山区 4 000 m 以上分布着高山寒漠土及草原土,2 700 m 以上为山地灌丛草原(栗钙)土和半荒漠棕钙土,2 700 m 以下为山地荒漠灰棕漠土和风沙土。北山区自高至低分布荒漠草原棕钙土和荒漠灰棕漠土。平原区在绿洲内部,土壤发育为灌漠土和棕漠土。扇缘中段为潜水溢出带,地下水位较高,分布有草甸土、沼泽土、草甸盐土,其间的小片农业区为潮土。扇缘下段地下径流因受北山的阻挡而不畅,普遍分布有草甸盐土、干旱盐土。平原北部冲积平原分布有暖温带荒漠棕漠土、草甸土、沼泽土、盐土、风沙土以及人工绿洲中的灌耕土,下游因地下径流不畅,分布有沼泽盐土、草甸盐土、干旱盐土等。

根据甘肃省土壤分布图,疏勒河流域的土壤分区有Ⅳ温带暖湿带荒漠土壤区(走廊平原及北山区)和Ⅴ高寒山地土壤区(祁连山地)两个区,有Ⅳ₂走廊东部荒漠土盐土亚区、Ⅳ₄马鬃山灰棕漠土亚区、Ⅳ₂走廊西部棕漠土风沙土亚区、Ⅴ₄祁连山高山草原土亚区及Ⅴ₅祁连山麓棕钙土亚区等五个亚区。

本区的主要土壤类型在高山地区有高山寒冷荒漠土、低山灰土、棕漠土、山麓棕钙土等。在走廊平原区的耕地土壤主要有灌漠土、潮土及其他土类,包括灌耕棕蓬土、灌耕草甸土、灌耕风沙土。在走廊平原荒地的土壤主要有棕漠土、盐土、草甸土、沼泽土及风沙土等。盐土在荒地土壤中占有大部分,盐土的形成是由于本流域特定的土壤、气候及水文地质条件,成土母质中的可溶盐类被水不断地搬运到下游,汇集于下游低洼地区。同时由于气候干旱,在强烈的蒸发作用下,可溶盐类通过毛细管作用向地表移动、积聚,继而形成盐土,对本区荒地开垦利用十分不利。

3.1.6　植被

疏勒河流域位于新疆荒漠、青藏高原和蒙古高原的过渡地带,生态区域复杂,植被多样。境内由于地形地貌、土壤质地、气候水文等生态因素的分布特点,植被的垂直和水平分带性十分明显。

祁连山区由于降水稀少,气候寒冷,主要分布半灌木高寒荒漠草原植被,并且随高程的增加,植被从山地荒漠植被向山地草原及寒漠稀疏植被过渡。马鬃山地区降水更为稀少,植被为沙生针茅和戈壁针茅荒漠草原植被及稀疏草原化荒漠和荒漠植被。

走廊平原区主要分布有以胡杨为主的乔木和以红柳、毛柳为主的灌木组成的森林植被;耕地中的防护林(杨、榆、沙枣等)、农作物及田间杂草组成的农业绿洲植被;成小面积分布在泉眼周围的沼泽植被;广泛分布于绿洲荒地中的草甸植被(其中又可分为盐生草甸和荒漠化草生草甸两个亚型);分布于绿洲周围和沙漠戈壁上的荒漠植被(其中又可分为盐生荒漠植被、土质荒漠植被、半固定和固定沙丘区植被及砾质荒漠植被几种亚型)。平原区降水异常稀少,天然植被主要依靠吸取地下水存活。但一些耐旱性极强的植被依靠十分稀少的降雨有时也能存活,并能阻拦风沙形成小沙包,而这些沙包又能凝结大气水和起保墒作用,反过来为植被生存创造了条件。但此种植被覆盖度很低,仅5%左右。每隔几年发生一场的雨洪有时可使冲沟内的灌木半灌木覆盖度达到40%~50%。而流域内大部分植被则主要由地下水的深浅决定着其生长态势。地下水位较高地区的沼泽植被及盐生沼泽化草甸植被的覆盖度可达到70%~80%,盐生草甸植被覆盖度可达40%~80%,荒漠植被的覆盖度一般均在20%以下,砾质荒漠植被的覆盖度只有5%左右。上述天然胡杨林,由于上游水资源消耗增加,下游地下水补给减少,水位降低,已发生大片退化以致死亡,尤以安西的桥子及双塔灌区为甚。本流域由于灌溉农业的迅速发展,农业绿洲植被已成为走廊区的重要植被生态系统。

3.2　社会经济概况

3.2.1　人口及其分布

疏勒河流域中游绿洲在行政区划上共涉及2市1县,包括玉门市、敦煌市和瓜州县的绝大部分。研究区2012年总人口49.63万人,城镇人口24.04万人,农村人口25.59万人。其中玉门市总人口16.16万人,城镇人口8.29万人,农村人口7.87万人;敦煌市总人口18.75万人,城镇人口11.07万人,农村人口7.68万人;瓜州县总人口14.72万人,城镇人口4.68万人,农村人口10.04万人。

3.2.2　国内生产总值

2012年流域国内生产总值为269.16亿元,其中玉门市为130.26亿元,敦煌市为78.26亿元,瓜州县为60.64亿元。

3.2.3　工业生产

2012年流域工业增加值为115.70亿元,其中玉门市为77.06亿元,敦煌市为17.50亿元,瓜州县为21.14亿元。

3.2.4　农牧业生产

疏勒河流域 2012 年总耕地面积 134.45 万亩,粮食作物播种面积 17.82 万亩,经济作物播种面积 118.07 万亩,粮食总产量 8.24 万 t;农田有效灌溉面积 46.62 万亩,农田实灌面积 46.62 万亩,林草面积 8.58 万亩;存栏大牲畜 5.45 万头。

3.3　水资源及其开发利用现状

3.3.1　水资源状况

3.3.1.1　降水资源

疏勒河流域降水受到地形地貌方面的影响,垂直分带性显著,因此流域上游地区的降水量相对比较丰富;流域中下游平原地区降水量相对较少,1953～1996 年玉门、敦煌站的降水观测资料表明:多年平均降水量从敦煌至玉门由 40.2 mm 逐渐增加至 57.5 mm。上游地区高山降水凝结成冰雪成为冰川资源;中低山区降水一部分形成地表径流直接补给河流,一部分下渗成为地下水资源,再通过一系列的水文过程转换为最终成为地表水资源;平原区降水入渗后直接转换为地下水资源。

图 3-2 为玉门、敦煌站 1953～1996 年气温变化趋势,玉门站年平均气温为 6.98 ℃,敦煌站年平均气温为 9.82 ℃,敦煌多年平均气温高于玉门;图 3-3 为气温差积曲线,差积曲线显示 1953～1966 年曲线斜率大于 0,表明该时段气温高于多年平均气温;1967～1980 年曲线斜率小于 0,表明该时段气温低于多年平均气温;1981～1996 年气温高于多年平均气温,在这三个时段该地区呈现暖—冷—暖的变化过程。

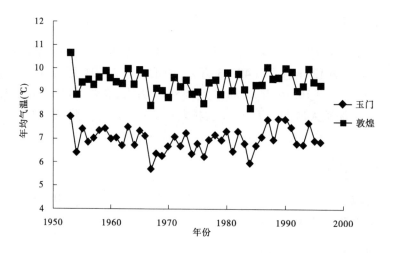

图 3-2　玉门、敦煌气温变化趋势

图 3-4 为玉门、敦煌 1953～1996 年降水变化趋势,玉门的多年平均降水量(57.5 mm)大于敦煌(40.2 mm)。图 3-5 为降水差积曲线,差积曲线显示 1953～1968 年平均降水量

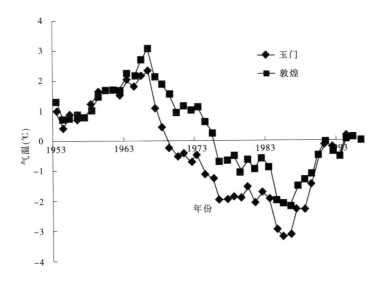

图 3-3　玉门、敦煌气温差积曲线

少于多年平均降水量;1969～1981 年平均降水量大于多年平均降水量;1982～1990 年平均降水量小于多年平均降水量;1991～1996 年平均降水量大于多年平均降水量。因此,1956～1968 年玉门、敦煌市为连续枯水年;1969～1981 年两地区为连续丰水年;1982～1996 年玉门市为连续枯水年,1982～1989 年敦煌市为连续枯水年,1990～1996 年敦煌市为连续丰水年。

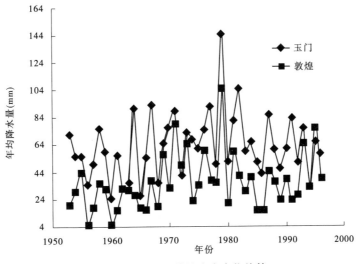

图 3-4　玉门、敦煌降水变化趋势

3.3.1.2　冰川资源

　　疏勒河上游的祁连山区是现代冰川的发育地区之一,共有冰川 975 条,冰川面积 869.38 km²,冰储量 457.37 亿 m³,冰川年融水量为 5.21 亿 m³,详见表 3-1。

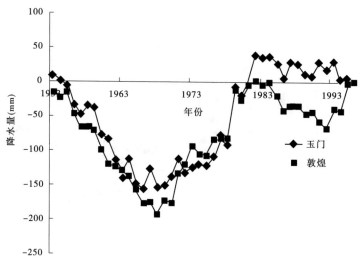

图 3-5　玉门、敦煌降水差积曲线

表 3-1　疏勒河流域的冰川资源量

河流	冰川条数 （条）	冰川面积 （km²）	冰储量 （亿 m³）	冰川年融水量 （亿 m³）	雪线高度 （m）
石油河	15	5.73	1.72	0.03	4 480 ~ 4 860
白杨河	33	10.23	2.42	0.06	4 480 ~ 4 860
疏勒河	582	568.31	327.23	3.30	4 540 ~ 5 080
榆林河	9	5.37	2.09	0.30	4 600
党河	308	252.66	111.24	1.38	4 640 ~ 5 070
阿尔金山北坡	28	27.08	12.67	0.14	4 760 ~ 4 920
合计	975	869.38	457.37	5.21	4 480 ~ 5 080

3.3.1.3　地表水资源

疏勒河流域中下游平原区年平均降水量很少,蒸发量大,基本不产生径流,所以流域的地表水资源主要由山区降水补给,1956 ~ 2000 年的疏勒河年径流量统计资料显示,年均径流量为 20.74 亿 m³,各月平均径流量如表 3-2 和图 3-6 所示,疏勒河在 6 ~ 9 月多年月均径流量明显大于其他月份,月均径流量最大值出现在 7 月,占全年径流量的 19%,最小值在 2 月,占全年径流量的 3%;而 C_v 值在 6 ~ 9 月也远远大于其他月份,6 ~ 9 月的 C_v 值平均为 0.31,径流量占年径流量的 61%;10 月至翌年 5 月的 C_v 值平均为 0.19,径流量占年径流量的 39%。利用适线法做出 50%、75%、90% 保证率下各月水资源量如表 3-2 所示。在 50% 的保证率下,年径流量为 20.56 亿 m³,保证率在 75% 的水平下为 17.90 亿 m³,保证率为 90% 的水平下,其年径流量为 14.10 亿 m³。

图 3-7 为疏勒河流域 1956 ~ 2000 年年平均径流量变化曲线,图 3-8 为径流量差积曲线变化趋势,曲线表明:1956 ~ 2000 年径流量基本上是一个枯、丰、枯、丰的过程,1956 ~

1968 年为连续枯水年,1969~1972 年为连续丰水年,1973~1978 年为连续枯水年,1979~2000 年为连续丰水年。

表 3-2 疏勒河流域多年平均径流量及其不同保证率下的径流量 （单位:亿 m³）

月份	1	2	3	4	5	6	7	8	9	10	11	12	合计
平均值	0.71	0.69	0.81	1.38	1.66	2.20	4.37	4.23	1.89	1.21	0.88	0.71	20.74
50%	1.01	0.99	1.04	1.76	1.95	2.39	4.10	2.52	1.44	1.36	1.10	0.90	20.56
75%	0.58	0.56	0.81	1.12	1.39	2.03	3.89	4.33	1.12	0.91	0.66	0.50	17.90
90%	0.57	0.56	0.57	1.04	1.47	1.94	2.70	2.14	1.03	0.91	0.64	0.53	14.10

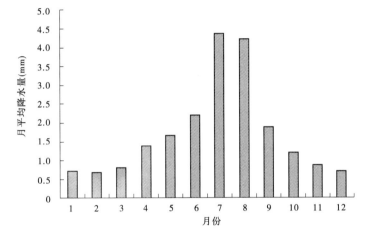

图 3-6 月平均径流量变化趋势

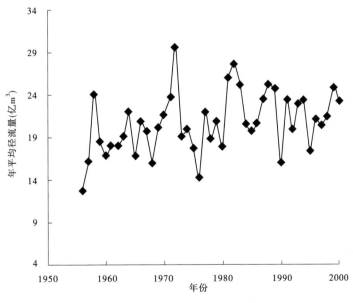

图 3-7 年平均径流量变化趋势

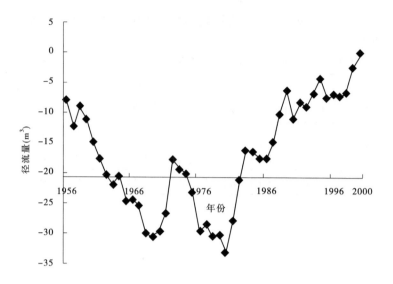

图3-8　年平均径流量差积曲线

3.3.1.4　地下水资源

　　根据2003～2007年疏勒河流域的降水入渗补给量、山前侧向流入量、地表水体的入渗补给量以及井灌回归量计算平原区地下水资源量,结果显示平原区平均补给量为12.62亿 m³,地下水资源量平均为12.32亿 m³。流域内山丘区地下水资源根据河川基流量和侧向流出量计算,山丘间地下水资源量平均为3.88亿 m³。由于平原区与山丘间地下水有重复计算(重复计算量平均为1.60亿 m³),疏勒河流域地下水资源量平均为14.71亿 m³。疏勒河流域地下水资源情况详见表3-3、表3-4。

表3-3　疏勒河流域平原区地下水资源量　　　　　　　　　　　（单位:亿 m³）

年份	降水入渗补给量	山前侧向流入量	地表水体入渗补给量	井灌回归补给量	总补给量	地下水资源量
2003	0.29	0.11	9.90	0.24	10.54	10.30
2004	0.26	0.10	9.68	0.24	10.28	10.03
2005	0.47	0.11	12.38	0.31	13.27	12.96
2006	0.41	0.13	13.11	0.32	13.97	13.65
2007	0.49	0.22	13.97	0.39	15.07	14.67
平均值	0.38	0.13	11.81	0.30	12.62	12.32

3.3.1.5　水资源总量

　　水资源总量是指研究区地表水天然资源量和地下水天然资源量的总和。但是在地下水资源中,大部分水资源是山区地表水经河道、渠系、田间等途径入渗补给而来的,而不重

表 3-4 疏勒河流域山丘区地下水资源量 （单位：亿 m³）

年份	河川基流量	侧向流出量	地下水资源量	平原区与山丘区重复计算量	总地下水资源量
2003	3.71	0.11	3.81	1.69	12.42
2004	3.36	0.10	3.45	1.64	11.84
2005	3.98		3.98		16.94
2006	4.01	0.13	4.14	2.23	15.56
2007	4.34	0.22	4.55	2.45	16.78
平均值	3.88	0.11	3.99	1.60	14.71

复的地下水资源量是指山区的侧向补给、降水凝结水的补给。地表水和地下水存在相互转化，因此疏勒河地表水资源平均为 20.74 亿 m³，地表水与地下水重复计算的资源量平均为 14.23 亿 m³，净地下水量平均为 0.48 亿 m³，所以水资源总量为 21.22 亿 m³。疏勒河流域水资源总量详见表 3-5。

表 3-5 疏勒河流域水资源量 （单位：亿 m³）

地表水资源量	地下水资源量	地表水与地下水重复计算量	净地下水量	水资源总量
20.74	14.71	14.23	0.48	21.22

3.3.2 水资源利用现状

3.3.2.1 水利工程建设现状

截至 2012 年底，全流域共有水库 3 座，其中大（2）型水库 2 座，中型水库 1 座，总库容 4.72 亿 m³；已建成总干、干渠 17 条，总长度 445.86 km；支干渠 11 条，总长度 116.77 km；支渠 97 条，总长度 1 467.53 km；斗渠 619 条，总长度 1 105.07 km；农渠 6 247 条，总长度 2 950.40 km。

3.3.2.2 现状用水与耗水

1. 现状用水

2012 年流域总用水量 20.83 亿 m³，其中工业用水量 1.00 亿 m³，占总用水量的 4.8%；农田灌溉用水量 16.91 亿 m³，占总用水量的 81.18%；林草用水量 1.78 亿 m³，占总用水量的 8.55%；城市生活用水量 0.19 亿 m³，占总用水量的 0.91%；农村生活用水量 0.06 亿 m³，占总用水量的 0.29%；生态环境用水量 0.89 亿 m³，占总用水量的 4.27%。疏勒河流域农田灌溉用水明显偏高，导致流域工业及生活用水比例明显偏低。

2. 现状耗水

2012 年流域总耗水量 14.37 亿 m³，其中农田灌溉耗水量 12.07 亿 m³，林牧渔畜耗水量 1.24 亿 m³，工业耗水量 0.33 亿 m³，城镇生活耗水量 0.09 亿 m³，农村生活耗水量 0.06 亿 m³，生态环境耗水量 0.58 亿 m³。

3.3.3　水资源开发利用程度

Falkenmark 和 Widstrand(1992)定义人均水资源量为水资源压力指数(Water Stress Index),用以度量区域水资源稀缺程度。水资源开发利用程度被广泛用来反映水资源的稀缺程度(Water Use Intensity),其定义为每年取用的淡水资源量占可获得的(可更新)淡水资源总量的百分率。开发利用程度小于20%时为低水资源压力(Low Water Stress);小于40%大于20%时为中高水资源压力(Medium-high Water Stress);大于40%时为高水资源压力(High Water Stress)。如表3-6所示,1980~2007年,疏勒河流域供水量逐年呈增加趋势,由1980年的11.0亿 m³ 增加到2007年的17.7亿 m³,到2012年已经增加到20.8亿 m³,人均用水量也呈逐年增加趋势,尤其是在2007~2012年平均年人均用水量为3 822.85 m³;水资源开发利用程度均高于50%,属于高水资源压力,并且开发利用程度逐年递增,尤其是在2007年以后,水资源开发利用程度猛增,到2012年达到了98%,远高于40%,由此说明疏勒河流域近年来水资源开发利用程度非常高,对水系统及其周围的自然生态环境产生了巨大的压力,需要进行合理规划开采利用。

表3-6　1980~2012年疏勒河流域水资源开发利用

年份	供水量 (亿 m³)	多年平均水资源量 (亿 m³)	人均用水量 (m³/(人·年))	水资源开发 利用程度(%)
1980	11.0	21.22	3 074.52	52
1985	10.9	21.22	2 963.31	51
1990	11.4	21.22	2 840.56	54
1995	11.4	21.22	2 576.68	54
2000	11.8	21.22	2 500.00	55
2003	12.9	21.22	2 691.99	61
2004	13.0	21.22	2 695.58	61
2005	14.6	21.22	3 060.33	69
2006	13.4	21.22	2 771.46	63
2007	17.7	21.22	3 523.09	83
2008	19.3	21.22	3 768.43	91
2009	19.3	21.22	3 821.36	91
2010	19.4	21.22	3 868.06	92
2011	19.8	21.22	3 917.85	93
2012	20.8	21.22	4 038.32	98

3.3.4　水资源利用存在的问题

随着疏勒河流域社会经济的发展,对水资源的需求越来越大,而水资源的过度开发和不合理的管理必然造成严重的社会和生态环境问题。疏勒河流域的开发利用支撑着玉门市、瓜州县、敦煌市等地区的经济社会的持续发展,水资源开发利用主要存在以下几方面的问题。

3.3.4.1 气候干旱,水资源相对短缺,用水矛盾突出

疏勒河流域属于大陆性荒漠型气候,风沙大,气候干旱,降水量少(不足 50 mm)而蒸发量大(大于 3 200 mm)。流域内各种天然植被面积达到 23 700 hm²,水资源需求量达到 15 亿 m³,与维持该区域良好的生态环境所需要的水资源相比,该区现状水资源显得较为不足。疏勒河人口激增,农业发展规模迅速扩大,目前的总灌溉面积比 2001 年增加了 20%,使得农业灌溉用水急剧增加,然而不合理的水资源利用模式——重农业灌溉、轻生态环境用水造成了一系列的水环境问题:①地下水位的下降,泉水量大幅度的减少;②地表水的大量引用使得进入河道的地表水量减少,造成流域下游的西湖以西的天然河道已经干涸,植被退化,天然绿洲面积萎缩,沙漠化、荒漠化进程加剧;③人工绿洲的局部地段地下水位上升,加剧了水位埋深较浅地段的土壤盐渍化。

3.3.4.2 用水粗放,水资源利用效率低

流域目前的平均水价为 0.063 元/m³,过低的水价使得社会公民的节水意识薄弱,另外由于区内的节水技术落后,多年来绝大部分地区仍然沿袭传统的大水漫灌的方式,用水粗放,严重浪费。灌溉定额高,渠系利用率在 0.45 ~ 0.55,部分地区为 0.35 ~ 0.45;每立方米水生产粮食 0.15 ~ 0.30 kg,粮食耗水量为 3.2 ~ 6.8 m³/kg;每立方米水生产棉花 0.03 kg,耗水量为 8 ~ 26.5 m³/kg,其中,粮食耗水量是石羊河流域的 2.1 倍,是黑河流域的 1.8 倍,位居河西走廊之首。而以节水著称同属干旱区的以色列,每立方米水产量 2.3 ~ 2.6 kg,粮食耗水量为 0.5 ~ 0.8 m³/kg,是疏勒河流域的 6 ~ 9 倍。疏勒河流域的水资源综合产值仅为 2.46 元/m³,水资源开发利用效率低下。

3.3.4.3 农业种植结构单一,用水不合理

流域内农业过度重视高耗水的经济作物——小麦、棉花等的种植,而忽视了低耗水的林业、牧业的发展,从而导致了农业种植结构单一、比例失调,降低了流域水资源的有效利用程度。疏勒河流域的畜牧业历史悠久,发展畜牧业不仅可以有效地利用流域内的草场资源,为经济效益做出贡献,还可以提高水资源的利用效率,改变生态环境恶化的局面。

3.3.4.4 水利工程建设及开采井布局不合理,水资源无序过度开采

流域内现有的灌区引水口门、开采井多集中在中游的绿洲区。灌渠引水口门多,渠系紊乱,相邻最近的引水口门仅相距 400 ~ 500 m,且多为无坝引水。平原水库蒸发、渗漏损失较大,占总蓄水量的 15% 左右,且蓄水没有一定的调蓄制度,每逢枯水或者稍枯年份,平原水库在非均水制规定的时段争抢蓄水,导致了干流河道水量和下游实际供水量大幅度减少,加剧了下游用水的日趋紧张。

开采井由用水者根据耕地的位置以及需水的情况随机建设并且个人管理,造成无序打井、地下水超采日趋严重,并出现了出水量减少、部分地段掉泵、水井报废等现象。1992 年底流域内有 178 眼农灌机井,2001 年底增至 1 537 眼,是 1992 年的 8.6 倍,提取地下水资源量 1.6 亿 m³,超出三大灌区地下水规划开采量 1.41 亿 m³。地下水资源量呈下降趋势:瓜州至西湖地段地下水年均下降 0.10 m;2003 年 7 月调查数据显示泉水出露量从 20

世纪 50 年代的 2.0 亿 m^3 减少到 90 年代的 1.4 亿 m^3 ,平均以 0.15 亿 m^3 每 10 a 的速度减少;瓜州的布隆吉乡泉水出露量从 80 年代的 0.095 亿 m^3 减少至 0.055 亿 m^3 ,仅为原来的 42% ,造成塘坝蓄不上水。

3.3.4.5　地表水污染严重,地下水水质恶化

有关水化学检测资料研究显示,疏勒河流域东部支流的石油河已经严重污染,超标的项目多达 14 项,占了测试指标总数的 67% ;有 6 项指标严重超标,超出国际标准的 3 ~ 6 倍,主要为石油类、酚类、高锰酸盐、铜等指标。进入双塔水库的地表水 TDS 显示有逐年增加的趋势,年增加约 0.01 g/L,而且有向中上游发展的溯源特征。另外,流域的大部分地下水水质的变化尚在正常范围内,没有明显的趋势,但流域下游地区浅层地下水已经受到了不同程度的污染,TDS 有略微增加的趋势,年均增加值达到 0.02 ~ 0.05 g/L。

第4章　疏勒河流域中游绿洲
生态功能分区研究

4.1　疏勒河流域中游绿洲生态环境现状

4.1.1　中游绿洲区主要植被类型

植被是陆地生态系统的重要组成成分,具有调节气候、维持与更新土壤肥力、保护与提高生物多样性等生态服务功能。物种多样性和生产力作为植被两大基本特征,其与环境因子的关系是生态学研究的热点问题和重要内容之一。疏勒河流域中游绿洲地区植被类型复杂,有森林植被、农业植被、沼泽植被、草甸植被和荒漠植被等类型。其分布特征如下。

4.1.1.1　森林植被类型

乔木主要有胡杨,主要分布在疏勒河下游的雁脖子湖、望杆子与断弦子一带,而在中游也呈零星状分布。其中以青石嘴及安西桥子至青山子两片面积最大,主要依靠吸取地下水存活。灌木主要有红(柽)柳,在瓜州的西湖乡、踏实城北沿黄水沟至老师兔一带以及桥子南、戈壁冲积扇与草甸交界处有大面积分布。此外,毛柳、白柳等也是平原区的主要灌木。

4.1.1.2　农业植被类型

主要由农田防护林、农作物及田间杂草组成,其中农田防护林主要有杨树、榆树、沙枣等,农作物主要有小麦、玉米、胡麻、蚕豆、糜谷、棉花、瓜类等,农业植被已成为疏勒河流域中游绿洲区重要的植被系统。

4.1.1.3　沼泽植被类型

成小面积分布在泉眼周围,以芦草、苔草、早熟禾、牛毛草、蒲草、灯心草为主,盐生沼泽以盐角草、沼针蔺、海韭为主,覆盖度70%～90%。

4.1.1.4　草甸植被类型

在流域内广泛分布,为主要放牧区,分2个亚型:①盐生草甸亚型:以芦草、冰草、芨芨草为主,由于伴生植物不同,还可进一步划分为两种,一是盐生沼泽化草甸,主要分布在潜水溢出区的洼地,地面季节性积水,将沼泽植被包围其中,以芦草、冰草为主,伴生苔草、三棱草、早熟禾,盐渍区还生长有盐爪爪,覆盖度70%～80%;二是盐生典型草甸,主要分布在潜水溢出区外围,地势较高,地下水位0.5～1.0 m,以芦草、冰草、芨芨草为主,伴生甘草、罗布麻、骆驼刺、苦豆子等,覆盖度一般在40%以上,最高达80%。②荒漠化草生草甸亚型:以骆驼刺、苏枸杞、野枸杞、罗布麻、芦草为主,常混生冰草、芨芨草、苦豆子、野茴香、胖姑娘、红柳等,其组成结构以旱生耐盐半灌木植物为主,覆盖度20%～40%。

4.1.1.5　荒漠植被类型

广泛分布于南、北戈壁前缘和下游地区,有4个亚型:①盐生荒漠亚型:生长有稀疏草株红柳丛、苏枸杞、碱柴等半灌木,间或生长有骆驼刺、盐爪爪,覆盖度小于5%;盐碱特重地段无植物生长,只有红柳、苏枸杞残体,无牧用价值。②土质荒漠亚型:分布于侵蚀荒漠地带,零星生长有单株白刺、红砂柴、花棒、蒿类、沙拐枣、羊肚子等,局部有麻黄、碱蓬,覆盖度小于20%,固定沙丘区高达50%～80%,无牧用价值。③半固定和固定沙丘区:沙丘区以红柳、白刺为主,局部有芦草、麻黄,丘间平地散生有芦草、红砂、灰蓬、骆驼刺,一般覆盖度小于20%,固定沙丘区高达50%～80%。④砾质荒漠型:分布于戈壁地带,零星生长有单株麻黄、白刺、红砂柴、小叶锦鸡儿、角果碱蓬等,覆盖度低于2%。

4.1.2　中游绿洲植被分布及演替规律

中游绿洲植被呈水平带状分布,其分布模式和每带的主要植物组成随地形地貌、土壤质地、含盐量及地下水位诸生态因素而改变,每带各具独特的植物群落,表现了植被群落的不同,反映了植被类型的差异。不同的植物群落同时也反映了地带自然条件的特点。

4.1.2.1　荒漠植被带

荒漠植被带分布于南北两山的山麓砾石戈壁,它与草原带之间常有部分风蚀地貌出现。植被以半灌木占绝对优势,是荒漠上的主导植物,生态上几乎都是旱生和盐生种类。如红砂、勃氏麻黄、球芽猪毛菜、泡泡刺、沙拐枣。河边及近水戈壁有很多水柏枝,沙丘上的植物普遍为柽柳,特殊的沙丘植物只有沙(蒿)蓬。

4.1.2.2　草原带

草原带是绿洲的主要部分。由荒漠向草原过渡时,半灌木是主要植物,如野麻、甘草、苏枸杞、苦豆子。多年生禾本植物芨芨草、芦苇,一年生禾本植物须芒草,只分布于低湿地方。

4.1.2.3　草地带

草地带面积不大,土壤比较湿润。主要由莎草科的苔属、沼泽兰、沼针蔺等组成。表明这种生境中盐分较少,盐土草地一般由红紫色的盐角草组成。

4.1.2.4　沼泽带

沼泽带面积很小,零星分布于绿洲中央。沼泽植被单调,主要是芦苇和沼泽兰,这与水生生态环境的单纯性密不可分。此外,狸藻也比较常见,而轮藻丰富是本区沼泽植物组成的特点。

4.1.2.5　绿洲带

绿洲带分布于草原和草甸带内,主要由农作物和农田杂草组成,杂草种类随着农田盐碱含量和土壤肥力高低而不同。土壤盐碱较大、肥力较低、缺苗严重的农田,白藜、苦苣菜茂盛;土壤脱盐相对较多、肥力较低的田块,稗子、冰草、苦苣菜等就大量繁殖;在盐渍化很轻、土壤肥力较高的地块,野燕麦繁生很快。

4.1.3　水资源开发利用对生态环境的影响

干旱地区生态系统十分脆弱,水是绿洲生态中极其重要的先决条件,水文地质条件的变化势必波及生态系统。疏勒河流域内水资源的开发利用包括引用河水、泉水以及抽取地下水几种形式,水资源开发利用导致水资源重新分配过程较一般地区(半干旱、湿润地区)远为强烈。在流域内,地下水绝大部分由山区河水转化而来,不论是引用河水还是开采地下水都会产生可能波及整个流域(河系)的区域水文效应,引起大范围内的地下水补排条件的变化。近年来,随着水资源的开发利用,疏勒河流域特别是中下游地区生态环境不断恶化,主要表现为绿色生态严重退化、湿地面积缩小、盐碱地和沙地迅速增加等。

4.1.3.1　水资源环境变化

水资源环境变化分为地表水环境变化和地下水环境变化。环境变化主要发生在生态环境脆弱地带,即河流尾闾地区及其天然绿洲、下游盆地、河流两岸、原泉水溢出带及其影响地区、绿洲边缘及邻近沙漠的毗连地带。

1. 地表水环境变化

地表水环境变化主要表现在上、下游地表水分配不平衡,地表水、地下水循环转化比例变化,下游河水矿化度增高,湖泊干涸和水体咸化等方面。

河流上、中游大规模的开发和调控能力的提高,致使下游正常水量和洪水减少,导致河流终端——西湖萎缩干涸。同时,水利工程建设和水资源开发利用改变了地下水和地表水的循环方式,尤其对地下水的溢出量影响明显。由于水资源的大量拦蓄引用,河湖系统已发生退化,过去疏勒河干流及其支流党河经常有水流入下游的终端西湖,但自 20 世纪 60 年代以后已无水流入,造成流域尾闾——西湖自 1960 年以后完全干涸,成为一片盐碱滩。

水资源的开发利用引起下游河水矿化度增高,疏勒河除潘家庄断面处受泉水和灌溉弃水影响无明显规律外,其他各断面处矿化度都随时间变化存在不同程度的升高,水质从上游向下游逐渐变差,矿化度逐渐增大,特别是近几年,增加幅度较大。农灌区的盐碱地改造、洗盐排水对河水水质有着直接影响,被引用后河水量减少、河水蒸发浓缩效应增加也起着一定的作用。

2. 地下水环境变化

地下水资源环境变化表现在地下水天然补给量减少、相应区域地下水位下降、泉水溢出量减少、溢出带高程降低和地下水水质矿化升高等方面。

地表水的大量引用消耗和利用率提高,以及大量的地下水开采,致使能够参与水循环的水量减少,导致地下水天然补给量随之减少。由于上游用水增加,疏勒河干流在双塔水库以下已基本断流。从 20 世纪 70 年代开始造成流域下游水源的持续减少,双塔灌区现状来水比 20 世纪 50 年代减少了约 30%。据甘肃省水文地质队资料,疏勒河流域地下水天然资源量在 20 世纪 50 年代后期、70 年代中期和 90 年代后期的水量分别为 13.588 亿 m^3、13.295 亿 m^3 和 11.546 亿 m^3,明显呈现逐渐减少的趋势。

泉水是水资源循环转化的重要环节,对下游地区的水资源构成及环境具有重要制约作用。泉水的减少或枯竭是水资源再分配过程发生改变最显著的特征。研究表明,泉水和地下水位削减幅度最大的地区也正是河水利用率提高最快的地区,疏勒河流域泉水的削减和上游河水的引用促使流入河流下游的河川径流衰竭甚至断流。

20 世纪 50 年代初,疏勒河地区七道沟至双塔一带地下水位埋深不超过 1 m,泉眼密布,有不少草甸存在。后因上游灌区扩建、玉门昌马总干渠修建等原因,补给源减少,水位平均下降约 1 m,局部下降 1~3 m,泉眼大多枯竭,湿地迅速盐渍化。1978~1984 年双塔水库大坝进行防渗处理后,仅时隔 3~5 年,库坝下游至瓜州县区域地下水位普遍下降 2 m 左右。由地下水开采引起的地下水位下降尚不明显,瓜州—敦煌盆地地下水开发利用程度略高,但仅在地下水集中开采的瓜州县城附近形成了一个小型浅层漏斗,中心埋深约为 8 m,大部分地下水位变幅为 0.3 m,属于地下水多年均衡变化。在灌溉区由于大水漫灌和排水不畅等,产生了地下水位上升的情况。

上游来水减少,地下水位的下降引起了泉水溢出线北移、泉眼干涸,原来的泉水灌溉大部分已被井灌所取代。由于地下水位的下降,著名的敦煌月牙泉湖水域面积已大幅度减少。据甘肃省水文地质队资料,在 20 世纪 60 年代早期,流域内的泉水量为 4.18 亿 m^3,1977 年时已减少 0.803 亿 m^3,锐减为 3.377 亿 m^3。

地下水的过量开采破坏了地下水动态平衡和地球化学过程,地下水水质向着矿化的方向发展,使得水资源可利用量减少、饮用水水质变差。在双塔水库到瓜州县城区段内,地下水矿化度总体上呈现逐渐增高的趋势。

4.1.3.2　水资源开发利用对植被和土壤的影响

水资源系统的不合理开发,使天然及人工植被的数量、质量与分布均发生了明显变化,如人工林枯萎、灌丛植被退化衰败、草原退化面积缩小、草甸植被衰败死亡等,这些变化将会产生生物生产量下降、种群减少和经济利用价值下降等不利后果,比较突出的是那些广泛分布于河流下游地下水溢出带或地下水浅埋带的草甸植被和乔木灌木林 – 天然绿洲地带。尤为突出的是地下水位的下降会对植株生长产生强烈的影响,甚至使已经成林的大片植株全部死亡(见表 4-1)。

表 4-1　干旱内陆河区地下水位与天然植被生长关系

地下水埋深(m)	主要生长植物及状况	覆盖度(%)	土地沙化
<2	水生生物及芦苇生长良好	40~70	不沙化
2~3	芦苇、冰草、杨树生长良好	40~50	基本不沙化
3~4	芨芨草、甘草、罗布麻、沙枣、梭梭、胡杨生长良好	30~40	轻度沙化
4~5	骆驼刺、花花柴、白刺、沙拐枣、梭梭生长,沙枣、胡杨生长不良,枯梢,少数死亡	20~40	轻中度沙化
5~7	红柳生长基本正常,沙枣、胡杨大部枯死	<20	中重度沙化
>7	除少数不受地下水影响的植物外,多数植物死亡	<10	强度沙化

注:表中资料根据陈荷生(1991)、范锡朋(1991)及其他资料综合。

对土壤的影响主要是土壤盐渍化和土地沙化,水资源开发利用不合理是造成该地区生态失调和土地荒漠化的最主要因素。疏勒河流域内盐渍化总面积 9 171 km²,其中严重盐渍化及盐土分布面积为 8 091.5 km²,其中绿洲内为 332.5 km²;轻、中盐渍化面积为 1 079.5 km²,其中绿洲内为 572 km²。流域内沙漠化土地主要分布在玉门北部,瓜州中、西部,敦煌西、北部及桥子一带,潜在沙漠化面积 1 620 km²。

土壤盐化的原因主要是：①灌溉制度不合理，大水漫灌、排水不良，使水大量渗入地下，造成地下水位上升，在强烈的蒸发作用下使土壤积盐；②地下水矿化度高，但长期开采地下水，使用高矿化度水灌溉，由灌溉地内水源过剩引起的次生盐渍化在水资源利用率大幅度提高后会趋于缓和。由于灌区地下水位逐年抬升，疏勒河农灌区土壤次生盐碱化面积有逐年递增之势，在瓜州西湖乡地表水矿化度大于 3 g/L，在部分区域地下水矿化度高达 12.7 g/L。

虽然土地沙化的原因是多方面的，但水资源开发所产生的影响涉及面广且具有不断发展的趋势，由此使得土地沙化成为水资源大规模开发利用条件不可避免的现象。研究显示，在地下水位大于 7 m 时会引起强度沙化（见表 4-1）。根据有关资料，疏勒河流域共有沙漠化面积约 549.6 km^2。疏勒河中、下游地区现有沙地面积虽不到总土地面积的 1%，但沙化面积年扩大率在 2% 以上，如不采取适当对策，该地区自然生态环境必将进一步恶化。

4.1.4　中游绿洲主要环境问题

疏勒河流域中游生态环境相对比较脆弱，同时中游地区又是农业灌溉区，自 20 世纪 60 年代以来，随着西北干旱地区的经济发展、人口的增长、水资源开发和城市化进程的加快，流域有限的水资源承受着过度利用、无限制开采等人为施加的压力，造成水资源短缺、河流下游水生态环境恶化、绿洲面积缩小、沙漠化土地面积扩大等严峻局面，而且发展态势日益严重。随着人类对水资源的不断开发利用，必然引起水资源的分布格局由天然状态向非天然状态转变，进而引起与地表水—地下水循环转化系统密切相关的生态环境条件的恶化。目前，疏勒河流域中游地区已出现了类似石羊河、黑河流域水土资源开发利用过程中出现的植被衰亡、草场退化、泉水衰减、土地盐渍化和沙漠化等一系列生态环境问题。

4.1.4.1　土壤盐碱化严重

疏勒河流域部分灌区仍存在大水漫灌的现象，农业用水占 90% 以上，造成地下水位上升。强烈的蒸发积盐作用，形成了大范围的土壤盐碱化，是土壤盐碱化迅速增加的主要原因。土壤盐碱化形成之后很难逆转，即使降低水位，盐碱化仍然存在，这是由于当地降水量少，盐碱不能淋滤下去，有的地方以水压盐，大量引用地表水，形成灌水—积盐—灌水的恶性循环，其结果是盐碱化程度越来越严重。重灌轻排、灌排失调是引起土地盐渍化的重要原因之一。

4.1.4.2　天然植被萎缩严重

近几十年来，在工农业迅速发展和人口剧增的情况下，乱砍滥伐、毁林开荒以及对水资源的不合理利用，使得流域天然植被萎缩严重。

由于受长期的大农业思想和单一粗放的农业生产方式的影响，任何地方的发展首先都是以解决吃饭问题为主。对于内陆农业区——疏勒河流域的生产活动，同样毫不例外地以大农业为主，以提高农业经济效益为目的，继而忽略了生态效益和社会效益。这样的农业生产活动是以毁坏树木、破坏草场作为沉重代价的，造成了天然植被的极大破坏，出现了农、林、牧产业结构的不平衡甚至严重失调。统计资料显示，疏勒河流域中、下游地区林、牧业生产所占比例严重偏小,仅为农业总产值的 1.4% 和 19.5%,而农业产值比例高达 78.7%。对这样一个宜林土地资源丰富、草场面积巨大的流域来说,不合理的产业结构,一是导致资源的严重浪费,二是破坏了区域农业生态环境,从根本上造成了整个流域生态环境系统的恶化。要从根本上改变和遏制目前这种恶性发展的势头,必须首先从调整产业结构入手,通过行政的、技术的等措施和手段,科学管理,统一规划,以保护流域生态环境为主要目的,制定农、林、牧等产业结构比例,调整农业生产种植面积,加大林业生产力度,强化畜牧业生产环节,引导农民大力从事林牧业生产。

4.1.4.3 土地荒漠化呈加重的趋势

气候变化和人类活动等造成干旱半干旱地区土地退化即土地荒漠化,继而引起大范围的沙生植被破坏,致使流域生态环境日趋恶化,进而导致沙漠化进程迅速加快。针对研究区内土地荒漠化日益加重的趋势,不少专家对疏勒河流域的生态景观构成进行了研究,指出近年来疏勒河流域土地利用变化缓慢,土地利用格局没有发生显著变化;不同土地利用类型中,耕地面积和建设用地增加较多;林地、草地面积减少;疏勒河流域生态景观是以石漠为基质的,并受干旱、风沙和盐碱干扰,景观结构复杂,生态环境脆弱。疏勒河流域中游地区,由于缺少地表水,大量开采地下水,地下水的补给量小于开采量,地下水位始终在下降,致使固沙植被凋萎、死亡,土地荒漠化,使绿洲生态系统的良性循环被破坏。

4.1.4.4 水土流失严重

流域土壤侵蚀类型有水力侵蚀、风力侵蚀、冻融侵蚀等,其中以风力侵蚀为主。流域内水土流失面积 16.5 万 km^2,占总面积的 96.08%。

水土流失是疏勒河流域一个比较严重的生态环境问题,它主要是指由气候变化和人类活动等因素所造成的干旱半干旱地区和具有干旱特征地区的土地退化现象,其中人类活动在这一过程中起着主导作用。水土资源的不合理开发,上、中、下游地区分水比例的严重失调,生态环境用水的极大忽视,是人类活动具体而集中的表现,也是造成流域内水土流失的重要原因。流域内胡杨林的退化甚至死亡、哈拉湖的断流直到干涸、瓜州以西直至西沙窝 60 万亩草原的大片沙化,都是忽视生态用水所造成的严重生态环境问题。

另外,随着流域水土资源的开发利用,原来相对脆弱的生态环境将受到破坏,受各种人为因素的干扰,有的地方地下水位下降,植被枯萎;有的地方地下水位上升,发生盐碱化。同时,流域内土地资源的开垦利用所带来的生物多样性的破坏、野生动物数量的减少、水土流失的加重等现象,应引起流域开发决策部门和管理部门的高度重视。

4.1.4.5 绿洲与湿地呈退化趋势

上游灌溉面积扩大导致注入中、下游的生态水量不断减少,地下水补给量减少、泉水溢出量缩减,使得分布于绿洲周边的湿地在不断萎缩和退化。敦煌区域的东湖湿地消失,北湖湿地濒临消亡,西湖、南湖湿地也逐年退化萎缩。瓜州区域的踏实、桥子湿地面积也在不断减小,呈现逐渐退化和缩减的趋势。天然植被的不断破坏,加之绿洲与荒漠过渡带大面积开荒或人为破坏,防风固沙能力降低,使得绿洲边缘土地沙化面积逐年增加,沙漠每年吞噬绿洲边缘 2~3 m。绿洲边缘生态的持续恶化直接威胁着文化名城敦煌的生存安全,关系着莫高窟、月牙泉等人文自然景观的存续,更关系着敦煌及其周边县市、河西走廊乃至整个西北地区的生态安全。

4.2 疏勒河流域中游绿洲生态功能分区

4.2.1 生态功能分区目标、原则和依据

4.2.1.1 生态功能分区目标

根据疏勒河流域中游绿洲生态环境特征和生态环境存在的问题,确定中游绿洲生态功能分区目标:

(1)分析疏勒河流域中游绿洲不同区域的生态系统类型、生态问题、生态敏感性和生态系统服务功能类型及其空间分布特征,提出疏勒河流域中游生态功能区划方案,明确各类生态功能区的主导生态服务功能以及生态保护目标,划定对疏勒河流域中游绿洲生态安全起关键作用的重要生态功能区域。

(2)按综合生态系统管理思想,改变按要素管理生态系统的传统模式,分析各重要生态功能区的主要生态问题,分别提出生态保护主要方向,并提出生态功能恢复措施。

(3)以生态功能分区为基础,指导区域生态保护与生态建设、产业布局、资源利用和经济社会发展规划,协调社会经济发展和生态保护的关系,为区域社会经济与环境协调可持续发展提供基础支撑。

4.2.1.2 生态功能分区原则

基于疏勒河流域中游绿洲生态功能分区目标,区域生态功能分区应遵循以下原则:

(1)生态 – 社会 – 经济可持续发展原则。通过区域生态功能分区,促进区域生态系统健康持续发展,满足社会经济可持续发展需求,同时有利于促进区域自然资源的合理开发与利用,增强区域社会经济发展的生态环境支撑能力,促进区域生态与社会经济协调可持续发展。

(2)主导功能原则。生态功能的确定以生态系统的主导服务功能为主,在具有多种生态服务功能的地域,以生态调节功能优先,在具有多种生态调节功能的地域,以主导调节功能优先。

(3)区域相关性原则。在分区过程中,综合考虑疏勒河流域中游绿洲上下游的关系、疏勒河流域中游绿洲生态功能的互补作用,根据保障区域、流域与国家生态安全的要求,分析和确定区域的主导生态功能,满足区域尺度生态服务功能与更大尺度自然环境与社会经济环境的衔接。

(4)综合性原则。疏勒河流域开发历史悠久,人类社会经济活动对自然本底打上了深刻的烙印。而中游绿洲作为社会、经济和人类活动的主要区域,是疏勒河流域重要的生态屏障。因此,在进行中游绿洲生态功能分区时,应在自然分区的基础上,结合考虑社会经济因素。

(5)相似性和差异性原则。主要体现在一定范围内区域生态系统结构、过程和服务功能等环境要素的相似性及区域环境分区间的差异性。

(6)协调性和分级性原则。生态功能区的确定要与国家主体功能区规划、重大经济技术政策、社会发展规划、经济发展规划和其他各种专项规划相衔接。疏勒河流域中游生

态功能区划应与全国生态功能区划相衔接,在区划尺度上应更能满足县域经济社会发展和生态保护工作微观管理的需要。

(7)可调整性原则。随着区域生态环境的不断变化,生态功能区是不断发展变化的,生态功能分区具有一定时效性,结合历史演变过程随时间调整分区以适应生态与环境的变化,同时适应区域环境保护的目标。

(8)区域共轭性原则。区域所划分对象必须是具有独特性、空间上完整的自然区域。即任何一个生态功能区必须是完整的个体,不存在彼此分离的部分。

4.2.1.3　生态功能分区依据

将《全国生态保护与建设规划》《全国主体功能区规划》《甘肃省主体功能区规划》《甘肃省生态保护与建设规划》《甘肃省加快转型发展建设国家生态安全屏障综合试验区总体方案》作为疏勒河流域中游绿洲生态功能分区宏观层面依据,同时将区域地质地貌、生态系统类型、生态环境问题、农业生产特点以及人类活动影响等因素作为微观层面分区依据。

1. 地质地貌

疏勒河流域中游绿洲属河西走廊坳陷带西段,其南北两侧分别与祁连山系的祁连山、大雪山、党河南山,阿尔金山和由马鬃山等一系列中低山组成的北山相邻。区域分为瓜敦盆地、玉门盆地以及花海盆地,分布于走廊平原和各盆地的次级地貌单元为砾质戈壁倾斜平原和冲积土质平原。不同的地质地貌单位呈现不同区域生态环境特征和气候特点的差异与区别。

2. 生态系统类型

疏勒河流域中游地区植被类型较为复杂,有森林植被、农业植被、沼泽植被、草甸植被和荒漠植被等类型。中游绿洲植被呈水平带状分布,主要有荒漠植被带、草原带、草地带、沼泽带和绿洲带,其分布模式和每带的主要植物组成是随地形地貌、土壤质地、含盐量及地下水位诸生态因素而改变的,每带各具独特的植物群落,表现了植被群落的不同,反映了植被类型的差异。同时受到人类活动不同程度的干扰,自然生态系统发生一定程度破坏和转化。

3. 生态环境问题

疏勒河流域中游生态环境相对比较脆弱,存在土壤盐碱化、天然植被萎缩、水土流失、湿地退化和水资源短缺等生态环境问题。

4. 农业生产特点

疏勒河流域中游绿洲是典型的农业灌溉区,是人类从事农业生产和经济活动的主要区域,区域种植结构丰富多样,为区域发展提供不同种类粮食作物和经济作物,是良好的产粮基地。

5. 人类活动影响程度

随着中游绿洲社会经济的快速发展、人口增长、资源开发和城市化进程的加快,区域生态系统受到不同程度的干扰,严重影响绿洲生态系统的稳定性。

4.2.2 生态功能分区方法

4.2.2.1 基础数据

(1)疏勒河流域中游绿洲 1∶10 万的数字化基础地理数据,包括河流水系、居民点分布状况、铁路、公路、行政区划界线、等高线等数据图层。

(2)对已有的气候状况分布图、地形图、土地利用现状图、土壤类型图、土地类型图等进行矢量化处理,得到中游绿洲相关环境要素数字化数据图层。

(3)采用 2013 年 TM 遥感影像,解译得到流域中游绿洲土地利用图,通过对遥感影像进行增强处理和几何精校正,得到中游绿洲不同生态系统类型的数据和相关数据图层。在此基础上,进一步生成区域数字高程模型(DEM)。

4.2.2.2 分区方法

基于确定的疏勒河流域中游绿洲生态功能分区目标、分区原则与依据,在分析中游绿洲生态环境现状和社会经济发展状况的基础上,结合区域生态环境存在的主要问题,运用 RS 和 GIS 技术,采用定性和定量分析相结合的方法,利用计算机图形空间叠置法、相关分析法、专家集成法等,按生态功能分区的等级体系,通过自上而下的划分方法划分区界。利用 ArcGIS 10.0 软件的多层面叠加功能,进行环境要素分区界线的叠置,取重合最多处为基本界线,对重合较少处按主导生态要素划分界线,然后进行必要的修正,确定生态功能区界线。依据疏勒河流域中游绿洲地形地貌图,利用高程数据信息,结合区域土地利用现状、流域存在的主要生态环境问题,进行单要素区域划分,确定生态区界线。将疏勒河流域中游绿洲划分为绿洲农业、荒漠戈壁、防风固沙、平原绿洲植物、盐渍化防治区和平原绿洲湿地生态保护 6 个一级生态功能区。利用 DEM、土地利用类型、不同生态系统类型以及生态系统服务功能重要性等特点将疏勒河流域中游绿洲划分成 34 个二级生态功能亚区。根据生态区界线,结合区域生态环境特征的空间分布规律,各生态功能区生态服务功能,调整生态功能区的划分方案,再根据生态保护方向、服务功能重要性等因素,进一步调整分区方案。最后通过实地勘察、调研,进一步选取代表不同生态服务功能的分区进行复核,综合考虑一级功能分区和二级功能分区的合理性和准确性,结合甘肃省生态功能区划,进行必要的修正,最终确定疏勒河流域中游绿洲生态功能分区方案。

4.2.3 疏勒河流域中游绿洲生态功能分区及命名

疏勒河流域中游绿洲生态功能区划分为两级,一级生态功能区以生态保护类型为主导因素,反映中游绿洲生态保护总体格局和主要目标。其命名采用生态类型 + 生态功能区两名法。二级生态功能区以土地利用类型和生态服务功能为主导因素,同时体现地貌、生态系统类型与生态系统服务功能等特点,反映一级分区内生态功能的差异性,是基本的生态功能类型单位,采用地名 + 地貌特征 + 生态类型 + 生态功能特点四名法。

4.2.4 疏勒河流域中游绿洲生态功能分区结果及特征分析

基于上述生态功能分区目标、分区原则与依据,结合相应的分区方法与流程,将疏勒河流域中游绿洲划分为 6 个生态功能区和 34 个生态功能亚区(见表 4-2 和图 4-1)。

表 4-2　疏勒河流域中游绿洲区生态功能分区结果

序号	一级功能区名称	序号	二级功能区名称	面积(hm^2)	比例(%)
I	绿洲农业生态功能区 (196 835.50 hm^2, 13.22%)	I_1	敦煌绿洲农业生态功能亚区	35 593.37	2.39
		I_2	西湖绿洲农业生态功能亚区	7 486.76	0.50
		I_3	瓜州绿洲农业生态功能亚区	47 367.50	3.18
		I_4	锁阳城绿洲农业生态功能亚区	4 885.43	0.33
		I_5	玉门绿洲农业生态功能亚区	79 757.80	5.36
		I_6	花海绿洲农业生态功能亚区	21 744.64	1.46
II	荒漠戈壁生态功能区 (742 620.80 hm^2, 49.88%)	II_1	敦煌党河冲洪积扇荒漠戈壁生态功能亚区	251 142.37	16.87
		II_2	党河沿岸荒漠戈壁生态功能亚区	21 361.55	1.43
		II_3	敦煌—瓜州荒漠戈壁生态功能亚区	277 489.24	18.64
		II_4	昌马冲洪积扇荒漠戈壁生态功能亚区	181 203.03	12.17
		II_5	玉门荒漠戈壁生态功能亚区	6 658.14	0.45
		II_6	干海子荒漠戈壁生态功能亚区	4 766.47	0.32
III	防风固沙生态功能区 (58 977.23 hm^2, 3.96%)	III_1	敦煌防风固沙生态功能亚区	52 008.84	3.49
		III_2	瓜州防风固沙生态功能亚区	1 792.28	0.12
		III_3	昌马冲洪积扇缘防风固沙生态功能亚区	5 176.12	0.35
IV	平原绿洲植物生态功能区 (293 890.74 hm^2, 19.74%)	IV_1	敦煌平原绿洲植物生态功能亚区	72 915.42	4.90
		IV_2	西湖平原绿洲植物生态功能亚区	29 430.70	1.98
		IV_3	瓜州平原绿洲植物生态功能亚区	23 252.19	1.56
		IV_4	锁阳城平原绿洲植被生态功能亚区	74 183.33	4.98
		IV_5	双塔水库平原绿洲植物生态功能亚区	17 660.56	1.19
		IV_6	昌马灌区平原绿洲植被生态功能亚区	56 077.51	3.77
		IV_7	玉门平原绿洲植物生态功能亚区	5 605.20	0.38
		IV_8	干海子平原绿洲植物生态功能亚区	14 765.83	0.99

续表 4-2

序号	一级功能区名称	序号	二级功能区名称	面积（hm²）	比例（%）
V	盐渍化防治生态功能区（107 330.02 hm²，7.21%）	V₁	敦煌盐渍化防治生态功能亚区	18 902.76	1.27
		V₂	西湖盐渍化防治生态功能亚区	17 172.32	1.15
		V₃	疏勒河干流瓜州段盐渍化防治生态功能亚区	8 944.99	0.60
		V₄	瓜州盐渍化防治生态功能亚区	43 280.46	2.91
		V₅	锁阳城盐渍化防治生态功能亚区	16 279.74	1.09
		V₆	干海子盐渍化防治生态功能亚区	2 749.75	0.18
VI	平原绿洲湿地生态功能区（89 115.25 hm²，5.99%）	VI₁	党河冲洪积扇缘平原绿洲湿地生态功能亚区	19 913.13	1.34
		VI₂	北桥子平原绿洲湿地生态功能亚区	1 101.28	0.07
		VI₃	双塔水库平原绿洲湿地生态功能亚区	1 132.89	0.08
		VI₄	疏勒河干流双塔水库段平原绿洲湿地生态功能亚区	17 014.55	1.14
		VI₅	干海子平原绿洲湿地生态功能亚区	49 953.40	3.36

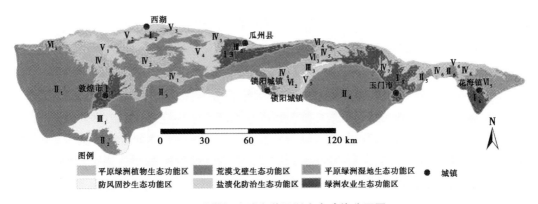

图 4-1　疏勒河流域中游绿洲生态功能分区图

4.2.4.1　绿洲农业生态功能区

绿洲农业生态功能区包括敦煌、西湖、瓜州、锁阳城、玉门和花海 6 个绿洲农业生态功能亚区，面积为 196 835.50 hm²，占疏勒河流域中游绿洲面积的 13.22%。该区是疏勒河流域中游绿洲的主体，同时也是人类活动、工农业发展的主要区域，它是以提供粮食、肉类、蛋、奶、棉和油等农产品为主的长期从事农业生产的地区，其主要功能是维持中游绿洲工农业生产的稳定，满足人类生产、生活需求。

（1）该区的主要生态问题：农田侵占、土壤肥力下降、农业面源污染严重；绿洲农田边缘受到不同程度风沙危害,影响农业生产正常进行,导致粮食产量有所下降。

(2)该区生态保护主要方向:①严格保护基本农田,培养土壤肥力。②加强农田基本建设,增强抗自然灾害的能力。③发展无公害农产品、绿色食品和有机食品,调整农业产业和农村经济结构,合理组织农业生产和农村经济活动。

(3)生态功能保护与恢复措施:①加强农田基础设施建设,积极推进农田水利、道路、林网等农田生态系统屏障构筑,加大田间农业高效节水措施的推广力度,大力推广管灌、滴灌和喷灌等高效节水措施,使得农业高效节水面积逐步增大。②加大绿洲区土地规划与整治力度,推进规模化、集约化、产业化利用土地;进一步减小农业面源污染,提高农田土壤肥力,积极推进生态型和节水型农业发展。③进一步加强绿洲农田防护林体系和生态林网建设,防治风沙对绿洲边缘农田的破坏与危害,同时通过人工灌溉和农田灌溉渗漏水满足绿洲农业区生态环境需水。④发展优质高效农牧业,美化城市环境,建设健康、稳定的城乡生态系统与人居环境。

4.2.4.2 荒漠戈壁生态功能区

荒漠戈壁生态功能区包括敦煌党河冲洪积扇、党河沿岸、敦煌—瓜州、昌马冲洪积扇、玉门和干海子 6 个荒漠戈壁生态功能亚区,面积为742 620.80 hm^2,占疏勒河流域中游绿洲面积的49.88%。该区的主要功能是维持荒漠戈壁脆弱生态系统,控制区域荒漠化,维护脆弱的荒漠植被。

(1)该区的主要生态问题:风沙危害铁路、公路,地表形态破坏;土壤侵蚀、土地荒漠化、土壤质量下降;植被覆盖度过低,荒漠植被破坏;浮尘和沙尘暴等问题。

(2)该区生态保护主要方向:①在荒漠化极敏感区和高度敏感区建立生态功能保护区,严格控制放牧和草原生物资源的利用,禁止开垦草原,保护荒漠植被,促使荒漠植被自我恢复。②保护地表形态与特殊地貌,保护铁路公路,保护绿洲农田,防治沙漠化和土壤侵蚀发生。③严格控制畜牧业发展规模,大力发展林业和草业,加快规模化圈养牧业的发展,控制放养对荒漠生态系统的损害。

(3)生态功能保护与恢复措施:①减少人类活动干扰,加强荒漠植被生态保护与恢复,实施戈壁林带封育工程,建立荒漠植被保护区,提高荒漠植被自我恢复能力。②减少公路、铁路沿线地表植被破坏,严禁控制各类影响荒漠生态环境恶化的工程建设、采矿和土地利用活动,保护矿区生态,并加强对采矿区植被生态修复技术研究。③减少放牧,控制畜群发展规模,维持戈壁生态环境的稳定性,保护荒漠自然景观,维护生态平衡。

4.2.4.3 防风固沙生态功能区

防风固沙生态功能区包括敦煌、瓜州和昌马冲洪积扇缘 3 个防风固沙生态功能亚区,面积为 58 977.23 hm^2,占疏勒河流域中游绿洲面积的3.96%。该区的主要功能是维持沙漠区脆弱生态系统,控制区域沙漠化,维护脆弱的沙漠植被。

(1)该区的主要生态问题:风沙危害铁路、公路,威胁绿洲及水利设施;土地沙漠化,土壤质量下降;植被覆盖度过低,植被退化;浮尘和沙尘暴频发等。

(2)该区生态保护主要方向:①在沙漠化极敏感区和高度敏感区建立生态功能保护区,严格控制放牧和草原生物资源的利用,禁止开垦草原,保护沙漠植被,促使沙漠植被自我恢复。②保护铁路、公路,保护绿洲农田,防治沙漠化和土壤侵蚀发生。③严格控制畜牧业的发展规模,大力发展林业和草业,加快规模化圈养牧业的发展,控制放养对沙漠生态系统的损害。④加强流域规划和综合管理,合理利用水资源,保障生态环境用水。

(3)生态功能保护与恢复措施:①减少人类活动干扰,加强沙漠植被生态保护与恢复,建立沙漠植被保护区,提高沙漠植被自我恢复能力。②进一步做好风沙治理工程,建立公路、铁路沿线防风固沙体系,大力发展农田和生态防护林建设,减少风沙对绿洲区的危害。③在沙漠化控制重要区域,通过封育及乔、灌、草种植相结合的方式,进一步加强防护林林网建设,从而降低风速、阻截和固定流沙。

4.2.4.4　平原绿洲植物生态功能区

平原绿洲植物生态功能区包括敦煌、西湖、瓜州、锁阳城、双塔水库、昌马灌区、玉门和干海子 8 个平原绿洲植物生态功能亚区,面积为293 890.74 hm^2,占疏勒河流域中游绿洲面积的 19.74%。该区的主要功能是维护绿洲区天然植被系统和人工植被系统健康良性发展,保护区域物种多样性,调节区域气候,涵养水源,保持水土,维护绿洲生态环境的稳定性,发展区域生态旅游。

(1)该区的主要生态问题。过度放牧、毁林草开荒、生物资源过度开发等,导致绿洲平原区林地、草地遭到不同程度的破坏,植物区面积缩小,影响区域生态环境,导致区域不同程度水土流失发生,使得区域生物物种受到严重威胁。

(2)该区生态保护主要方向:①保护区域天然林和人工林,禁止破坏天然林和人工林,加强自然保护区管理与建设。②禁止在自然保护区进行相关工程建设以及耕地开垦。③保护区域自然生态系统与重要物种栖息地,防止生态建设导致栖息环境的改变。

(3)生态功能保护与恢复措施:①加强绿洲区及边缘水资源的合理配置,确保区域生态环境用水,满足绿洲区植被良性发展的需求。②因地制宜,适地适树,种草植树,加强人工防护林体系建设,同时注重天然林草资源的进一步保护与管理。③加强对草地的进一步保持,采取围栏封育,恢复草场植被,以草定畜,防止草场过牧。④全面实施天然林保护工程,禁止采伐天然林;加强区域自然保护区的建设与管理,维护区域生物多样性,提升区域植被的水源涵养、水土保持以及气候调节功能,实现绿洲生态环境的可持续发展。

4.2.4.5　盐渍化防治生态功能区

盐渍化防治生态功能区包括敦煌、西湖、疏勒河干流瓜州段、瓜州、锁阳城和干海子 6 个盐渍化防治生态功能亚区,面积为 107 330.02 hm^2,占疏勒河流域中游绿洲面积的7.21%。该区的主要功能是防治土壤盐渍化发生,改善盐渍化土地,维持区域良好的生态环境。

(1)该区的主要生态问题:不合理灌溉方式和区域特殊地貌特点,导致地下水位上升,使得土壤出现不同程度的盐渍化,影响周边植物生长,影响区域生态环境,使得区域生物物种受严重威胁。

(2)该区生态保护主要方向:①防止土壤盐渍化的进一步发生。②建立区域完善的灌溉系统和排水系统,进行区域盐渍化有效改良。③保护区域自然生态系统,防止生态建设导致环境的进一步恶化。

(3)生态功能保护与恢复措施:①完善水利工程设施,发展竖井排灌,进一步防治土壤盐渍化。②选取优良的耐盐碱植物,改善土壤盐渍化状况,改善区域土壤结构。

③控制区域地下水位,防治耕地盐碱化,改善区域自然生态系统,提升区域生态环境。

4.2.4.6　平原绿洲湿地生态功能区

平原绿洲湿地生态功能区包括党河冲洪积扇缘、北桥子、双塔水库、疏勒河干流双塔水库段和干海子 5 个平原绿洲湿地生态功能亚区,面积为 89 115.25 hm^2,占疏勒河流域中游绿洲面积的 5.99%。该区的主要功能是维护绿洲湿地生态系统健康良性发展,保护区域物种多样性和野生动物栖息地,调节区域气候,维护绿洲生态环境的稳定性。

(1)该区的主要生态问题:上游和绿洲区人口增加以及农业和城市扩张,交通、水电水利建设,过度放牧、生物资源过度开发等,导致湿地遭到破坏。区域上、中游用水量大,河道断流,河道内及河道外生态需水不足,动植物濒临灭绝。同时区域地下水大量开采,导致湿地面积不断减小,呈现退缩趋势,使得区域生物多样性受到威胁,影响区域生态环境的健康良性发展。

(2)该区生态保护的主要方向:①严格控制上游绿洲区的水资源取用量,扭转中游绿洲常年超采地下水的用水现状,恢复区域地下水位。②保证河流基本生态需水,保护河道内动植物,促进河道内外生态环境逐步改善。③保护湿地生态系统的动植物资源,恢复湿地自然调节功能,保证水文调蓄的生态服务功能,维护生物多样性和自然景观的完整性。

(3)生态功能保护与恢复措施:①控制区域地下水位,使该区地下水位逐步上升,提高区域植被覆盖度。②制订流域水资源综合配置方案,综合考虑流域上、中、下游生态用水,保护河道内基本流量,恢复河道外生态,实施区域生态输水与生态调水工程。③加强湿地区野生动植物资源保护,维护区域物种多样性,发挥湿地功能,改善湿地生态环境。

第 5 章　疏勒河流域中游绿洲生态需水定量化模型研究

5.1　疏勒河流域中游绿洲生态环境需水量计算模型

疏勒河流域中游绿洲生态环境需水量是为满足生态系统生态区各项基本功能必需的用水量。当生态系统中水量低于最小需水量或超过最大可能的容纳水量后,生态区的某种生态环境功能就会受到影响。上述生态环境需水量的各个组成部分,可能在一定的水量范围内相互涵盖(在一定水量范围内其他功能被同时部分地或全部地满足)。因此,平原区生态环境需水量及其阈值需要在综合考虑生态区各种功能的基础上确定。

5.1.1　模型构建原则

满足单项功能的生态环境需水并不能表明其可以满足多种功能的要求。因此,这里并不是给出一个普遍适用的生态环境需水量或者阈值,而是从一般意义上归纳出生态环境需水及其阈值的确定原则。

(1)功能性需求原则。生态环境需水应该按照功能性需求原则确定满足生态区各项功能目标的具体需水。

(2)时段性要求原则。生态环境需水及其阈值的计算必须按照分时段考虑原则对年内不同时段(如洪水期、汛期、非汛期、全年时段等)分别加以讨论。

(3)区段化要求原则。生态环境需水量在不同生态区(如河流的上、中、下游)也会有很大差别,因此需要按照分区段考虑原则进行考察。

(4)目标性要求原则。在不同的时段或生态区,生态区各项功能的重要程度有所不同,应该按照主功能优先原则确保生态系统功能主要目标的实现。

(5)后效最小化原则。在满足现状要求的同时,还应按照用水后效最小化原则限制因当前生态环境用水方式不当对后来的生态系统功能产生的负面影响。

(6)多功能协调原则。生态系统所需满足的各种生命或生境用水具有不同的目标和水平,需要在单项功能目标分析的基础上按照多功能协调原则考虑各种组合的对应结果。

5.1.2　生态需水计算模型

确定生态环境需水量必须考虑生态区环境现状、保护目标等。因此,不同的生态系统情况各异,同一生态系统的不同时段、不同生态区的情况也有差异。所以说,在建立计算模型时,既要考虑系统的特殊性,又必须不失一般性。根据生态环境需水量概念与内涵,以及确定生态环境需水量的理论框架,建立计算模型。由此,流域生态环境需水量为

$$W = W_\mathrm{v} + W_\mathrm{r} + W_\mathrm{w} + W_\mathrm{s} \tag{5-1}$$

式中:W 为区域生态环境需水量,亿 m^3;W_v 为天然植被生态环境需水量,亿 m^3;W_r 为河流(水生植物和动物)生态环境需水量,亿 m^3;W_w 为湿地(含沼泽、湖泊等)生态环境需水量,亿 m^3;W_s 为防治耕地盐碱化的环境需水量,亿 m^3。

5.2 疏勒河流域中游绿洲生态环境需水量计算方法

如前所述,生态环境需水包括天然植被生态环境需水、河流生态环境需水、湿地(含沼泽、湖泊等)生态环境需水和防治耕地盐碱化的环境需水。

5.2.1 天然植被生态环境需水量 W_v 计算方法

根据干旱区植被生长主要依赖地下水,在时间和空间尺度选择上,遵循方便、合理、实用的原则,时间按月计算,空间上按植被优势物种划分。建立计算天然植被生态环境需水量 W_v 的数学计算方法:

$$W_\mathrm{v} = \sum_{j=1}^{12} \sum_{i=1}^{n} K \cdot ET_{ij} \cdot A_i \tag{5-2}$$

其中,ET_{ij} 为维持植被正常所需的水量,可根据阿里维扬诺夫公式计算,即

$$ET_{ij} = a\,(1 - H/H_{\max})^b \cdot (E_{\phi20})_{ij} \tag{5-3}$$

式中:W_v 为研究区总的植被年生态环境需水量,m^3;K 为植被系数;A_i 为 i 种生态区(林地、草地、农田、农牧交错区等)的面积,m^2;ET_{ij} 为 i 种生态区第 j 月的潜水蒸发量,mm;$(E_{\phi20})_{ij}$ 为 i 种生态区第 j 月的常规气象蒸发皿蒸发值,mm;H 为地下水埋深,m;$H_{\max}$ 为地下水蒸发极限深度,m;a、b 为经验系数;$i = 1,2,\cdots,n$;$j = 1,2,\cdots,12$。

5.2.2 河流生态环境需水量 W_r 计算方法

河流生态环境需水量应该按照一定的原则和步骤确定。基本原则包括功能性需求原则、分时段考虑原则、分河段考虑原则、主功能优先原则、效率最大化原则、后效最小化原则、多功能协调原则和全河段优化原则。为了数学描述的方便,本研究只考虑前两个原则,其基本内涵如下:

(1)功能性需求原则:明确具体河流的各类主要生态环境功能是计算河流基本生态环境需水量的第一步。

(2)分时段考虑原则:在不同的时间尺度或在给定时间尺度的不同时段,河流生态环境需水量会因外部条件改变或各项功能主导作用的交替变化而有所不同。因此,在讨论河流生态环境需水量时,必须指明时间尺度和一定时间尺度内的对应时段,并注意相应时段内各变量的动态变化特征。

根据以上原则建立河流生态环境需水量计算方法,但这里主要考虑河流基本生态环境需水量、水质净化需水量、输沙需水量、河道渗漏补给需水量和水面蒸发需水量。

$$W_r = \max(W_b, W_c, W_s) + W_1 + W_e \tag{5-4}$$

式中：W_b、W_c、W_s、W_1、W_e 分别为河流基本生态环境需水量、水质净化需水量、输沙需水量、河道渗漏补给需水量和水面蒸发需水量。

由于疏勒河属于西北典型内陆河流域之一，其河水可以满足饮用与灌溉的需要，因此在计算河流生态环境需水量时，不再考虑计算河流水质净化需水量 W_c。

5.2.2.1　河流基本生态环境需水量

河流基本生态环境需水量主要用以维持水生生物正常生长，以及满足部分的排盐、入渗补给、污染自净等方面的要求。对于常年性河流而言，维持河流的基本生态环境功能不受破坏，就是要求年内各时段的河川径流量都能维持在一定的水平上，不出现诸如断流等可能导致河流生态环境功能遭到破坏的现象。

1. 最小流量法

以河流最小月平均实测径流量的多年平均值作为河流的基本生态环境需水量，计算公式为

$$W_b = \frac{T}{n} \sum_{i=1}^{n} \min(Q_{ij}) \times 10^{-8} \tag{5-5}$$

式中：W_b 为河流基本生态环境需水量，亿 m^3；Q_{ij} 为第 i 年第 j 月的河流月均流量，m^3/s；T 为常数，将时间年转化为秒，其值为 31.536×10^6 s；n 为统计年数。

2. Tennant 法

Tennant 法也叫蒙大拿（Montana）法，是 Tennant 等于 1976 年提出来的，属于非现场测定类型的标准设定法。在 Tennant 法中，以预先确定的多年平均流量百分数为基础，将保护水生态和水环境的河流流量推荐值分为最大允许极限值、最佳范围值、极好状态值、很好状态值、良好状态值、一般或较差状态值、差或最小状态值和极差状态值等 1 个高限标准、1 个最佳范围标准和 6 个低限标准。在上述 6 个低限标准中，又依据水生生物对环境的季节性要求不同，分为 4~9 月鱼类产卵育肥期和 10 月至翌年 3 月一般用水期。对一般河流而言，河道内流量占多年平均流量的 100%~60% 时，河宽、水深及流速将为水生生物提供优良的生长环境，大部分河道的急流与浅滩将被淹没，只有少数卵石、沙坝露出水面，岸边滩地将成为鱼类能够游及的地带，岸边植物将有充足的水量，无脊椎动物种类繁多、数量丰富，可以满足捕鱼、划船及大游艇航行的要求；河道内流量占多年平均流量的 60%~30% 时，河宽、水深及流速一般是令人满意的，除极宽的浅滩外，大部分浅滩能被淹没，大部分边槽将有水流，许多河岸能够成为鱼类的活动区，无脊椎动物有所减少，但对鱼类觅食影响不大，可以满足捕鱼、划船和一般旅游的要求，河流及天然景色还是令人满意的；河道内流量占多年平均流量的 10%~5% 时，对于大江大河仍然有一定的河宽、水深和流速，可以满足鱼类洄游、生存和旅游、景观的一般要求，是保持绝大多数水生生物短时间生存所必需的瞬时最低流量。该方法中建立的水生生物、河流景观、娱乐和河流流量之间的关系标准，见表 5-1。

表 5-1　Tennant 对栖息地质量的描述　　　　　（单位:m³/s）

流量值及对生态的有利程度	推荐的基流标准(年平均流量百分数)	
	一般用水期(10月至翌年3月)	鱼类产卵育幼期(4～9月)
最大	200	200
最佳	60～100	60～100
极好	40	60
很好	30	50
良好	20	40
一般或较差	10	30
差或最小	10	10
极差	<10	<10

Tennant 法通常在研究优先度不高的河段中作为河流流量推荐值使用或作为其他方法的一种检验。它不仅适用于有水文站点的河流(通过水文监测资料获得年平均流量,并通过水文、气象资料了解汛期和非汛期的月份),还适用于没有水文站点的河流(通过水文计算来获得)。由于其仅仅使用历史流量资料就可以评价或估算生态需水量,应用简单方便,容易将计算结果和水资源规划相结合,故具有宏观指导意义。鉴于我国缺乏足够生态资料的现状,其成为我国河流生态径流研究中的一种常用方法。

5.2.2.2　河流输沙需水量

输沙是河流系统的另一个重要功能。为了输沙、排沙,维持河道冲淤动态平衡,需要一定的环境用水量,这部分水量就称为输沙平衡用水量。在一定的输沙总量要求下,输沙水量直接取决于水流含沙量的大小。河流的输沙量不仅随着年内水沙分配特点发生变化,还与河流中含沙量的变化密切相关。由于水流含沙量因流域产沙量多少、流量大小以及其他水沙动力条件的不同而异,输沙水量也因此发生相应的变化。从提高单位水资源利用率的角度出发,同时考虑到河流输沙功能主要在汛期完成,因此汛期用水应优先满足河流输沙功能的基本要求,在满足输沙用水的同时,兼顾河流生态用水和河流水污染防治用水的要求。将汛期用于输沙的水量和非汛期调水调沙(冲沙)的水量计算为河流生态环境需水量的一部分。河流汛期输沙用水量计算公式如下:

$$W_s = \frac{S_n}{\frac{1}{n}\sum_{i=1}^{n} \max(C_{ij})} \tag{5-6}$$

式中:W_s 为河流输沙需水量,亿 m³;S_n 为多年平均输沙量,kg;C_{ij} 为第 i 年第 j 月河流月均含沙量,kg/m³;n 为统计年数。

5.2.2.3　河道渗漏补给需水量

当河道水位高于河岸区地下水位时,河水在重力作用下,以渗流形式补给地下水,此时该部分水量就成为维持河流河岸生态系统正常生态功能的主要水源。因此,应对每条河道的水文特性和河岸地下水动态进行分析后才能确定河水补给地下水的河段,然后逐段进行渗漏补给量的计算。河道渗漏补给量的大小主要受河床岩性、河道输水流量、地下水埋深等因素的影响。河道渗漏补给量可按达西定律计算:

$$W_1 = 2KILHt \tag{5-7}$$

式中:W_1 为河道渗漏补给量,亿 m^3;K 为含水层渗透系数,m/d;I 为水力坡度(‰);L 为含水层厚度,m;H 为过水断面宽度,m;t 为时间,d。

5.2.2.4　河流水面蒸发生态需水量

为了维持河流系统正常生态功能,当水面蒸发量高于降水量时,必须从河道水面系统接纳水体来弥补,将这部分水量称为水面蒸发生态需水量。当降水量大于蒸发量时,就认为蒸发生态需水量为零。根据水面积、降水量、水面蒸发量,可求得相应蒸发生态需水量,计算公式为

$$W_e = \begin{cases} A(E - P) & (E \geqslant P) \\ 0 & (E < P) \end{cases} \tag{5-8}$$

式中:W_e 为河流水面蒸发生态需水量,亿 m^3;A 为水面面积,km^2;E 为水面蒸发强度,mm;P 为平均降水量,mm。

水面蒸发强度 E 可用式(5-9)表示。

$$E = K \cdot E_{20} \tag{5-9}$$

计算时,需要将 20 cm 直径蒸发皿的水面蒸发量折算为标准的 20 m^2 水面蒸发池观测的水面蒸发量,其水面折算系数为

$$K = E20/E_{20} \tag{5-10}$$

式中:K 为水面蒸发折算系数;E_{20} 为 20 cm 常规蒸发皿观测的水面蒸发量,mm;$E20$ 为 20 m^2 水面蒸发池观测的水面蒸发量,mm。

5.2.3　湿地生态环境需水量 W_w 计算方法

湿地、沼泽、湖泊、洼地生态环境需水量主要考虑为维持其特定的水、盐以及水生态条件,湿地、沼泽、湖泊、洼地一年内消耗的水量。在干旱内陆河区域由于蒸发量远远大于降水量,可以认为,湿地、湖泊、洼地的生态环境用水主要是用以维持湿地、湖泊、洼地水量平衡而消耗于蒸发的水量。事实上,湿地、湖泊等的生态环境需水量的确定远比这复杂得多,因为湿地类型不同,生态环境需水量的计算方法也存在差异。其计算公式为

$$W_w = \sum_{i=1}^{n} A_i(E_i - P) \tag{5-11}$$

式中:W_w 为湿地、湖泊、洼地的生态环境需水量,亿 m^3;A_i 为某一湿地、湖泊、洼地的水面面积,hm^2;E_i 为相应的水面蒸发能力,按式(5-9)计算;P 为平均降水量,mm。

5.2.4　防治耕地盐碱化环境需水量 W_s 计算方法

土壤盐渍化主要发生在干旱与半干旱地区,指地表盐碱聚集,植被稀少,只能生长耐盐碱植物的土地。灌溉等引起地下水位的上升,地下水通过蒸发自土壤表层而散失,地下水和土壤中的盐分将留在土壤中,当地下水上升和盐分积累到一定程度后,将导致土壤的

沼泽化和盐渍化。维持盐碱地生态环境需水量为在一定的时空条件下,维持土壤盐渍化不再进一步恶化所需要的一定质量的水。干旱区内陆河流域,由于水资源短缺,特别是春旱严重,通常采用秋天灌溉、春播前灌溉和生育期加大灌溉定额的方法减少盐分对农作物的危害。这具有双重作用,加大的灌溉水量,称之为防治土地盐碱化的环境需水量。其计算公式如下:

$$W_s = A_s m_s \tag{5-12}$$

式中:W_s 为防治土地盐碱化的环境需水量,亿 m^3;A_s 为盐碱化土地面积,hm^2;m_s 为盐碱土地环境需水定额,m^3/hm^2。

第6章　疏勒河流域中游绿洲生态环境
需水计算与分析

6.1　土地利用类型识别与划分

　　根据植物的生物生态学特性和适应性、疏勒河流域环境特点以及对生态环境改善的要求,并依据《中国科学院土地利用覆盖分类体系》,对疏勒河流域中游绿洲区土地利用类型进行了识别与划分。在2013年土地利用现状图(见图6-1)的基础上,结合野外调查,确定平原区边界,并得出2013年分类面积表(见表6-1)。

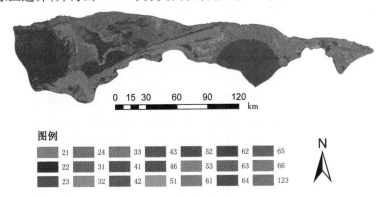

图6-1　2013年疏勒河流域中游绿洲区土地利用现状

表6-1　2013年疏勒河流域中游绿洲区土地利用类型统计

代码	土地利用类型	面积(hm^2)	比例(%)
21	有林地	560.97	0.04
22	灌木林地	7 570.44	0.51
23	疏林地	6 000.58	0.40
24	其他林地	712.97	0.05
31	高盖度草地	31 079.89	2.09
32	中盖度草地	76 668.27	5.15
33	低盖度草地	194 675.62	13.07
41	河渠	4 414.94	0.30
42	湖泊	425.76	0.03
43	水库坑塘	2 522.33	0.17

续表 6-1

代码	土地利用类型	面积（hm²）	比例
46	滩地	244.02	0.02
51	城镇用地	2 605.98	0.17
52	农村居民用地	8 664.05	0.58
53	其他建设用地	23.49	0.00
61	沙地	65 521.23	4.40
62	戈壁	640 717.71	43.04
63	盐碱地	144 344.82	9.70
64	沼泽地	14 629.13	0.98
65	裸土地	2 288.94	0.15
66	裸岩石砾	117 291.47	7.88
123	平原旱地	167 806.93	11.27
合计		1 488 769.54	100.00

疏勒河流域中游绿洲区土地类型包括林地、草地、水域、建设用地、未利用地与耕地共6个大类21个分类。从表6-1可以看出，2013年总土地面积为1 488 769.54 hm²，其中林地面积为14 844.95 hm²，占总土地面积的1.00%；草地面积为302 423.78 hm²，占总土地面积的20.31%；水域面积为7 607.05 hm²，占总土地面积的0.52%；建设用地面积为11 293.53 hm²，占总土地面积的0.75%；未利用地面积为984 793.30 hm²，占总土地面积的66.15%；耕地面积为167 806.93 hm²，占总土地面积的11.27%。

6.2 生态环境需水量计算

6.2.1 天然植被生态环境需水量计算

6.2.1.1 植被生态需水量计算方法与参数的确定

1. 潜水蒸发参数确定

阿里维扬诺夫公式是典型的潜水蒸发模型，计算方法中待定参数包括极限地下水埋深 H_{max}，经验系数 a、b，不同地区参数取值不同，其中参数标定是根据甘肃水文二队和中国科学院寒区旱区环境与工程研究所在玉门、张掖等地的试验数据所得。各有关参数确定如下：

1）极限地下水埋深 H_{max}

极限地下水埋深 H_{max} 是停止蒸发时的地下水埋深，一般情况下，在干旱区，有植被盖度的区域以5 m为限，荒漠区（植被覆盖度<5%）以4.5 m为限，河道和湖泊根据土质的要求以3.5 m为限。如果极限地下水埋深大于这些深度，其潜水蒸发量可近似认为等于

零,这也是目前水文地质计算中普遍采用的值。

2)a、b 参数确定

参数 a、b 是与植被覆盖度、土质有关的待定系数,不同植被覆盖度和不同的土质其系数不同,原中国科学院寒区旱区环境与工程研究所根据甘肃水文二队在玉门、张掖等地的试验数据以及新疆地理所等对叶尔羌河流域潜水蒸发规律进行的试验分析,得出了不同土质潜水蒸发公式参数的值(见表6-2),并以此为依据,标定得到适合疏勒河流域中游天然植被生态系统潜水蒸发参数,公式参数是在充分考虑不同植被类型和不同植被覆盖度的植被蒸腾量、蒸腾量与地下水埋深相关关系以及不同土质的基础上完成出的,基本适合不同植被类型和植被盖度下潜水蒸发量的计算。值得指出的是,标定公式计算的潜水蒸发量只与地下水埋深相关。根据荒漠区特点确定 a 为 0.62,b 为 2.80。

表 6-2 不同土质潜水蒸发公式参数 a、b 的取值

土质	a	b	H_{max}(m)
砂砾石	0.62	2.20	2.00
粉砂土	0.62	2.80	4.50
砂壤土	0.62	3.10	3.50
轻壤土	0.62	3.20	5.00
中壤土	0.62	3.60	5.50

2. 陆面蒸发与地下水位关系

根据干旱区陆面蒸发观测资料,陆面蒸发随地下水位的变化而变化,其变化范围见表6-3。当地下水位埋深达到4.0 m时,潜水蒸发量仅为15.9 mm。

表 6-3 不同地下水埋深潜水蒸发量计算结果

地下水埋深(m)	1.0	1.5	2.0	2.5	3.0	3.5	4.0
裸地(mm)	773.4	532.2	345.6	207.4	111.1	49.6	15.9
有植被(mm)	1 531	867.4	501.1	300.7	153.3	63.9	15.9

另外,根据收集到的玉门市 56 年降水与 20 cm 口径蒸发皿(E_{20})观测资料统计分析,得到多年各月降水量与蒸发量(见表6-4)。

表 6-4 不同月份降水量与水面蒸发量

项 目	1 月	2 月	3 月	4 月	5 月	6 月	7 月	8 月	9 月	10 月	11 月	12 月	全年
平均降水量(mm)	1.25	1.90	4.89	4.50	7.61	8.96	13.11	10.48	5.48	1.99	2.07	1.55	63.79
平均蒸发量(mm)	46.29	77.77	183.93	320.61	388.01	369.64	353.92	346.26	269.84	194.03	103.03	51.54	2 704.87

6.2.1.2　对于不同植被单位面积蒸散量计算

对于不同植被的最适地下水埋深,结合该流域各类植被的地下水埋深范围,并依据实际调查资料,确定了计算潜水蒸发的平均地下水埋深。而不同潜水埋深下的植被蒸腾对潜水影响系数(见表6-5)采用干旱区多年实测数据分析得到。

表6-5　干旱区潜水埋深与植被影响系数

潜水埋深(m)	1.0	1.5	2.0	2.5	3.0	3.5	4.0
植被影响系数	1.98	1.63	1.56	1.45	1.38	1.29	1.00

由于疏勒河流域中游绿洲区降水稀少,且多为无效降水,植被生长主要依赖地下水,因此实际蒸散量近似等于潜水蒸发量。根据2013年植被类型划分情况,并依据实际调查资料确定每种植被类型的地下水埋深范围和平均埋深,并按式(5-2)、式(5-3)进行计算,计算结果见表6-6、表6-7。

表6-6　疏勒河流域中游绿洲区潜水埋深蒸发量估算结果　　　　（单位:mm）

潜水埋深 (m)	1月	2月	3月	4月	5月	6月	7月	8月	9月	10月	11月	12月	全年
1.0	14.2	23.9	56.4	98.3	119.0	113.4	108.6	106.2	82.8	59.5	31.6	15.8	829.7
1.5	9.2	15.5	36.6	63.9	77.3	73.6	70.5	69.0	53.8	38.7	20.5	10.3	538.9
2.0	5.5	9.3	22.0	38.3	46.4	44.2	42.3	41.4	32.3	23.2	12.3	6.2	323.4
2.5	3.0	5.0	11.8	20.5	24.8	23.7	22.7	22.2	17.3	12.4	6.6	3.3	173.3
3.0	1.3	2.2	5.3	9.2	11.1	10.6	10.1	9.9	7.7	5.6	2.9	1.5	77.4
3.5	0.4	0.7	1.7	2.9	3.6	3.4	3.3	3.2	2.5	1.8	0.9	0.5	24.9
4.0	0.1	0.1	0.2	0.4	0.5	0.5	0.5	0.5	0.4	0.3	0.1	0.1	3.7
4.5	0.0	0.0	0.0	0.0	0.0	0.0	0.0	0.0	0.0	0.0	0.0	0.0	0.0

表6-7　疏勒河流域中游绿洲区不同植被单位面积蒸散量估算结果

土地利用类型	地下水埋深(m)	计算潜水蒸发的 平均地下水埋深(m)	植被系数	潜水蒸发量 (m³/hm²)
有林地	1.0~4.5	2.0	1.56	5 045.44
灌木林地	1.0~4.0	3.0	1.38	1 067.77
疏林地	1.5~5.0	3.5	1.29	320.72
其他林地	2.0~6.0	4.0	1.00	35.70
高覆盖度草地	1.0~3.5	2.5	1.63	2 822.37
中覆盖度草地	2.0~3.0	3.0	1.38	1 067.77
低覆盖度草地	2.0~4.0	4.0	1.00	35.70

6.2.1.3　天然植被生态环境需水量

在干旱区特定的水文气象条件下,生态耗水主要是潜水的蒸发。因此,可按不同植被类型和不同生长状况下的潜水平均埋深蒸发值,采用面积定额法计算不同潜水埋深的蒸发值。2013 年疏勒河流域中游绿洲区维护植被生态环境需水量为 1.90 亿 m³(见表 6-8)。按不同植被计算的生态需水量,2013 年林地需水量占 6.84%,为 0.13 亿 m³;草地占 93.16%,为 1.77 亿 m³。

表 6-8　疏勒河流域平原区 2013 年不同植被类型生态最小需水量

土地利用类型	单位面积最小需水量 (m³/hm²)	面积(hm²)	需水量(亿 m³)
有林地	5 045.44	560.97	0.03
灌木林地	1 067.77	7 570.44	0.08
疏林地	320.72	6 000.58	0.02
其他林地	35.70	712.97	0.00
高覆盖度草地	2 822.37	31 079.89	0.88
中覆盖度草地	1 067.77	76 668.27	0.82
低覆盖度草地	35.70	194 675.62	0.07
总计		317 268.74	1.90

6.2.2　河流生态环境需水量计算

6.2.2.1　河流基本生态环境需水量

考虑到河流基本生态环境需水量计算的复杂性,为了准确计算河流基本生态环境需水量,分别采用最小径流法和 Tennant 法计算河流基本生态环境需水量,然后取两者的平均值作为疏勒河河流基本生态环境的需水量。利用 1953 ~ 1995 年疏勒河流域中游潘家庄水文站 43 年的河流流量统计数据,得到疏勒河流域中游多年月平均流量和多年月最小流量,并根据式(5-5),得出疏勒河基本生态环境需水量(见表 6-9)为 1.02 亿 m³。采用 Tennant 法(见表 6-10)(取疏勒河干流多年平均(1953 ~ 2010 年)年径流量 9.48 亿 m³ 的百分比作为河道基本生态环境需水量)在 10% 情况下(0.95 亿 m³),计算结果与按照多年最小流量法的计算结果比较,取二者平均值 0.98 亿 m³ 作为疏勒河河流基本生态环境需水量。

表 6-9　最小流量法疏勒河生态基流计算结果

月份	1	2	3	4	5	6	7	8	9	10	11	12
多年月平均流量 (m³/s)	6.55	7.17	11.50	10.40	5.54	4.39	11.20	16.50	5.92	4.15	7.81	7.04
多年月最小流量 (m³/s)	3.45	3.7	6.6	5.61	1.2	1.42	2.34	3.28	1.76	1.65	4.19	3.31
月基本生态环境 需水量(亿 m³)	0.09	0.10	0.17	0.15	0.03	0.04	0.06	0.09	0.05	0.04	0.11	0.09

表 6-10　Tennant 法疏勒河生态环境基流计算结果

保证率	10%	20%	30%	40%	50%	60%	70%	80%	90%	100%
基本生态环境需水量（亿 m³）	0.948	1.896	2.844	3.792	4.74	5.688	6.636	7.584	8.532	9.48

6.2.2.2　河流输沙需水量

利用疏勒河流域中游潘家庄水文站含沙量统计数据,计算得出潘家庄水文站处输沙需水量作为疏勒河流域中游河流输沙需水量。从表 6-11 可以看出,流域内含沙量年内分配极不均匀,汛期(6~8 月)的含沙量占全年含沙量的 80% 以上,潘家庄水文站处多年平均输沙量为 203.01 万 m³,最大月平均含沙量为 56.86 kg/m³。经分析,汛期水量能够满足输沙的要求,所以输沙生态环境需水量主要为非汛期的输沙需水量。根据式(5-6),计算得出潘家庄水文站处输沙需水量为 1.11 亿 m³。因此,疏勒河流域中游河流输沙需水量为 1.11 亿 m³。

表 6-11　疏勒河潘家庄水文站多年平均输沙量含沙量统计结果

月份	1	2	3	4	5	6	7	8	9	10	11	12	合计
最大月含沙量（kg/m³）	1.28	1.42	10.63	8.26	3.85	4.67	37.54	56.86	6.98	0.87	5.68	1.62	
多年平均输沙量（万 t）	0.69	0.73	7.63	6.35	2.29	4.87	61.07	105.12	8.32	0.82	4.25	0.87	203.01
输沙需水量（亿 m³）	0.05	0.05	0.07	0.08	0.06	0.11	0.16	0.19	0.12	0.09	0.08	0.05	1.11

6.2.2.3　河道渗漏补给需水量

疏勒河干流中游长 124 km,渗透系数取 15.28,水力坡度为 0.003,含水层厚度取 20 m,时间为 365 d。根据式(5-7),计算入渗量为 0.83 亿 m³。

6.2.2.4　河流水面蒸发生态需水量

河流水面蒸发是河流水量消耗的重要方式之一,它需要一定的水量来维持河流的正常生态环境功能。疏勒河流域中游多年平均降水量为 63.79 mm,多年平均蒸发量为 2 704.87 mm。根据清华大学玉门试验站多年观测资料,计算得出水面蒸发折算系数为 0.58。因此,根据式(5-8),计算得 2013 年河流水面蒸发生态需水量为 0.68 亿 m³,结果见表 6-12。

6.2.3　湿地生态环境需水量计算

在干旱区,湿地、湖泊、水库、洼地的生态环境用水主要是用以维持湿地、湖泊、洼地水量平衡而消耗于蒸发的水量。因此,计算平原区的湿地、湖泊、洼地的水面蒸发量,即为湿地生态环境需水量。

因此,根据式(5-11),计算2013年湿地生态环境需水量为2.70亿 m^3 。

表6-12 疏勒河流域中游绿洲区水域蒸发需水量计算结果

水域类型	面积(hm²)	平均降水(mm)	蒸发量(mm)	水面蒸发折算系数	蒸发需水量(亿 m³)
河渠	4 414.94				0.68
湖泊	425.76				0.07
水库	2 522.33	63.79	2 704.87	0.59	0.39
沼泽	14 629.13				2.24
合计	21 992.16				3.38

6.2.4 防治耕地盐碱化环境需水量计算

疏勒河流域春旱严重,耕地盐碱化达到总耕地面积的20%以上。灌水方法不合理、灌水定额过高和排水系统不完善是造成当地盐碱化的主要原因。根据现状灌溉制度,通常采用秋天储水灌溉、春天播种前灌溉和生育期加大灌溉定额的方法减少盐分对作物的危害。一方面用较大的水量能将土壤中的盐分淋洗达到作物生长的目标;另一方面还要节约用水,防止抬高地下水位和影响土壤肥力。根据干旱区不同质地、不同含盐量土壤的洗盐定额,从而确定疏勒河流域灌区播种前灌溉定额为1 500～2 000 m^3/hm^2 ,据此确定防治耕地盐碱化的灌溉定额为600 m^3/hm^2 。

因此,初步估算疏勒河平原区防治耕地盐碱化的环境需水定额为600 m^3/hm^2 。2013年灌区盐碱化面积占耕地面积的20%,面积达到33 561.39 hm^2 ,根据式(5-12),计算得到区域防治耕地盐碱化的环境需水量为0.20亿 m^3 (见表6-13)。

表6-13 疏勒河流域中游绿洲区生态环境需水总量 (单位:亿 m³)

天然植被生态环境需水量		1.90
河流	基本生态环境需水量	0.98
	输沙环境需水量	1.11
	河道渗漏补给需水量	0.83
	水面蒸发生态环境需水量	0.68
湿地生态环境需水量		2.70
防治耕地盐碱化环境需水量		0.20

6.2.5 疏勒河流域平原区生态环境总需水量计算

生态环境保护以维持现状为基本原则。因此,基于不同的生态环境保护目标,生态环境总需水量差异非常大。为进一步掌握疏勒河流域中游绿洲生态需水的变化范围,分别计算疏勒河中游绿洲生态环境需水的最大值、最小值及最适值。

最大生态环境需水量(情景1):若生态环境保护目标包括保证疏勒河河道水沙平衡,即考虑输沙环境需水量,由表6-13可知,在保证输沙需水的前提下,河流基本生态环境需水量可以得到满足。因此,疏勒河流域平原区生态环境需水总量为:天然植被生态环境需水量+河流输沙生态环境需水量+河道渗漏补给需水量+河流水面蒸发量+湿地生态环境需水量+防治耕地盐碱化环境需水量。计算得到2013年疏勒河流域平原区生态环境需水量最大值为7.42亿 m³,见表6-14。

表6-14　不同保护目标生态环境需水量计算结果

项目	需水目标	需水组合	总需水量(亿 m³)
最大需水量	保障河道水沙平衡	天然植被生态环境需水量+河流输沙生态环境需水量+河道渗漏补给需水量+河流水面蒸发量+湿地生态环境需水量+防治耕地盐碱化环境需水量	7.42
最小需水量	保证天然生态系统需水要求	天然植被生态环境需水量+河流基本生态环境需水量河道渗漏补给需水量+河流水面蒸发量+湿地生态环境需水量	7.09
最适需水量	保证天然生态系统需水量与防治耕地盐碱化需水要求	天然植被生态环境需水量+河流基本生态环境需水量+河道渗漏补给需水量+河流水面蒸发量+湿地生态环境需水量+防治耕地盐碱化	7.29

最小生态环境需水量(情景2):若生态环境保护目标是仅保证天然生态系统需水量(天然植被生态环境需水量与湿地环境需水量),则疏勒河流域平原区生态环境需水总量为:天然植被生态环境需水量+河流基本生态环境需水量+河道渗漏补给需水量+河流水面蒸发量+湿地生态环境需水量。计算得到2013年疏勒河流域平原区生态环境需水量最小值为7.09亿 m³,见表6-14。

最适生态环境需水量(情景3):若生态环境保护目标为天然生态系统需水量与防治耕地盐碱化需水要求,则疏勒河流域平原区生态环境需水总量为:天然植被生态环境需水量+河流基本生态环境需水量+河道渗漏补给需水量+河流水面蒸发量+湿地生态环境需水量+防治耕地盐碱化环境需水量。计算得到2013年疏勒河流域平原区生态环境需水量最适值为7.29亿 m³,见表6-14。

6.3　疏勒河流域中游绿洲生态需水量分析

6.3.1　天然植被生态环境需水量分析

6.3.1.1　不同植被类型单位面积生态需水量分析

不同植被类型单位面积最小生态需水量(见图6-2)表明,有林地需水量最高,达到

5 045.44 m³/hm²；其次为高覆盖度草地,达到 2 822.37 m³/hm²；单位面积生态需水量最小的为其他林地和低覆盖度草地,仅 35.70 m³/hm²。这主要是由地下水埋深及不同的植被类型所引起的。有林地地下水埋深相对较浅,其潜水蒸发的强度相对较大,要维持其植被类型,单位面积所需水量也是最大的,而其他林地和低覆盖度草地地下水埋深相对较深,其潜水蒸发的强度相对较小,单位面积所需水量相对较小。

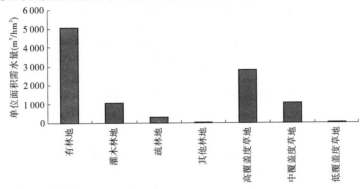

图 6-2 不同植被单位面积生态需水量示意图

6.3.1.2 不同植被类型生态需水结构分析

1. 植被类型面积分析

从图 6-3 可以看出,2013 年疏勒河流域中游绿洲区植被类型中低覆盖度草地面积最大,其次为中覆盖度草地和高覆盖度草地,其他林地面积相对很小,有林地面积最小,表明当地天然生态系统植被类型以草地与灌木林地为主。

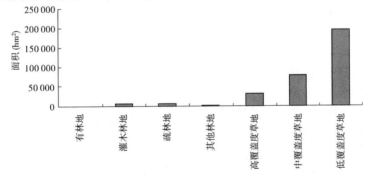

图 6-3 疏勒河流域平原区不同植被类型面积示意图

2. 不同植被类型生态环境需水量分析

从图 6-4 可以看出,高覆盖度草地生态环境需水量占生态环境需水总量的近一半,其次为中覆盖度草地,二者之和占天然植被生态环境需水总量的 90%,而林地生态环境需水总量所占比例不足 10%。

6.3.2 河流生态环境需水量分析

河道内生态环境用水属于可控制生态环境用水(如输沙需水的人工调配),在水资源合理配置中,必须优先满足。在不考虑河流输沙需水量的情况下(见图 6-5(a)),河流生

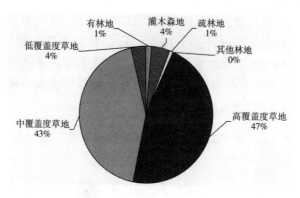

图6-4　疏勒河流域中游绿洲区不同植被类型生态环境需水量百分比图

态环境需水量为2.49亿m³。其中,河流基本生态环境需水量占河流生态环境需水量的39.4%,渗漏补给需水量与水面蒸发生态环境需水量分别占33.3%、27.3%。

在考虑输沙需水量的情况下(见图6-5(b)),河流生态环境需水量为2.62亿m³。其中河流输沙环境需水量占河流生态环境需水量的42.4%,河道渗漏补给需水量占31.7%,河流水面蒸发生态需水量占25.9%。

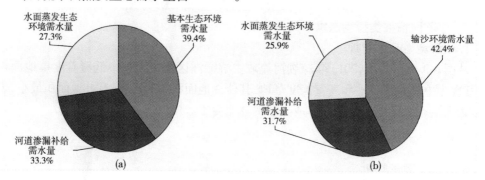

图6-5　疏勒河流域中游绿洲河流生态环境需水百分比

6.3.3　湿地生态环境需水量分析

湿地生态环境需水量主要包括湖泊生态环境需水量、水库生态环境需水量和沼泽生态环境需水量。2013年湿地生态环境需水量为2.70亿m³,其中沼泽生态环境需水量为2.24亿m³,占湿地生态环境需水量的83.0%;水库生态环境需水量为0.39亿m³,占湿地生态环境需水量的14.4%;湖泊生态环境需水量为0.07亿m³,占湿地生态环境需水量的2.6%,说明在疏勒河流域中游绿洲区沼泽地所占比例相对较大,应进一步加强湿地保护。

6.3.4　防治耕地盐碱化环境需水量分析

疏勒河流域春旱严重,耕地盐碱化达到总耕地面积的20%以上。灌水方法缺乏合理性,灌水定额偏高,排水系统不完善、排水不畅是当地盐碱化的主要原因。根据现状灌溉制度,通常采用秋天储水灌溉、春天播种前灌溉和生育期加大灌溉定额的方法减少盐分对作物的危害。根据计算得出,防治耕地盐碱化环境需水量为0.20亿m³。随着流域节水灌溉技术的推广、灌溉管理制度的健全以及输水、排水系统的不断完善,防治耕地盐碱化环境需水量将趋于平稳。

6.3.5 生态环境需水总量分析

通过对疏勒河流域中游绿洲区生态环境需水量结果分析可知,最大生态环境需水量为 7.42 亿 m^3,其中天然植被生态环境需水量为 1.90 亿 m^3,占最大生态环境需水量的 25.6%;河流输沙生态环境需水量为 1.11 亿 m^3,占最大生态环境需水量的 14.9%;河道渗漏补给需水量为 0.83 亿 m^3,占最大生态环境需水量的 11.2%;河流水面蒸发需水量为 0.68 亿 m^3,占最大生态环境需水量的 9.2%;湿地生态环境需水量为 2.70 亿 m^3,占最大生态环境需水量的 36.4%;防治耕地盐碱化环境需水量为 0.20 亿 m^3,占最大生态环境需水量的 2.7%。由此可见,最大生态环境需水量时湿地生态环境需水量所占比例相对比较大,其次为天然植被生态环境需水量,再次为河流输沙生态环境需水量,最小为防治耕地盐碱化环境需水量。

最小生态环境需水量为 7.09 亿 m^3,其中天然植被生态环境需水量为 1.90 亿 m^3,占最小生态环境需水量的 26.8%;河流基本生态环境需水量为 0.98 亿 m^3,占最小生态环境需水量的 13.8%;河道渗漏补给需水量为 0.83 亿 m^3,占最小生态环境需水量的 11.7%;河流水面蒸发需水量为 0.68 亿 m^3,占最小生态环境需水量的 9.6%;湿地生态环境需水量为 2.70 亿 m^3,占最小生态环境需水量的 38.1%。这说明最小生态环境需水量时湿地生态环境需水量所占比例仍相对比较大,其次为天然植被生态环境需水量,再次为河流基本生态环境需水量,最小为河流水面蒸发需水量。

最适生态环境需水量为 7.29 亿 m^3,其中天然植被生态环境需水量为 1.90 亿 m^3,占最适生态环境需水量的 26.1%;河流基本生态环境需水量为 0.98 亿 m^3,占最适生态环境需水量的 13.4%;河道渗漏补给需水量为 0.83 亿 m^3,占最适生态环境需水量的 11.4%;河流水面蒸发需水量为 0.68 亿 m^3,占最适生态环境需水量的 9.3%;湿地生态环境需水量为 2.70 亿 m^3,占最适生态环境需水量的 37.0%;防治耕地盐碱化环境需水量为 0.20 亿 m^3,占最适生态环境需水量的 2.8%。这说明最适生态环境需水量时湿地生态环境需水量所占比例仍相对比较大,其次为天然植被生态环境需水量,再次为河流基本生态环境需水量,最小为防治耕地盐碱化环境需水量。

基于上述分析可知,疏勒河流域中游绿洲生态需水量以湿地生态环境需水量为主,其次为天然植被生态环境需水量,再次为河流输沙和基本生态环境需水量,最小为河流水面蒸发需水量和防治耕地盐碱化环境需水量,说明在疏勒河流域中游绿洲应加强湿地和天然植被保护,以此来推动绿洲生态环境的稳定性。

河道内生态环境用水属于可控制生态环境用水(如输沙需水量),在水资源合理配置中,必须优先满足;河道外生态环境需水属于不可控制生态环境需水量,取决于天然降水、经济用水、地下水等多种因素,在水资源合理配置中,需要综合考虑,优化配置。

第7章　疏勒河流域中游绿洲生态环境
需水量时空变化特征研究

7.1　疏勒河流域中游绿洲生态环境需水量时间变化特征

7.1.1　天然植被生态需水量时间变化特征

7.1.1.1　不同时期天然植被分布特征

　　基于全国土地利用分析系统,结合 1970 年、1980 年、1990 年、2000 年和 2013 年疏勒河流域中游绿洲遥感影像,在人工解译研究区土地利用覆盖图基础上,运用 ArcGIS 10.0 软件,分析得出疏勒河流域中游绿洲各种天然植被的覆盖状况(见表 7-1 和图 7-1)。其中,天然林地分为有林地、疏林地、灌木林地和其他林地,而天然草地分为高覆盖度草地、中覆盖度草地和低覆盖度草地。有林地指郁闭度 >30% 的天然林地,以胡杨林和沙枣林为代表;灌木林地指郁闭度 >40%、高度在 3 m 以下的矮林地和灌丛林地,以柽柳、骆驼刺和白刺为代表;疏林地指郁闭度为 10% ~30% 的稀疏林地;其他林地指未成林造林地、迹地、苗圃及各类园地。高覆盖草地指覆盖度 >50% 的天然草地,此类草地一般水分条件较好,草被生长茂密;中覆盖草地指覆盖度为 20% ~50% 的天然草地,此类草地一般水分不足,草被较稀疏;低覆盖草地指覆盖度为 5% ~20% 的天然草地,此类草地水分缺乏,草被稀疏,牧业利用条件差。

表 7-1　疏勒河流域中游绿洲不同时期天然植被面积　　　　（单位:万 hm²）

年份	有林地	灌木林地	疏林地	其他林地	高覆盖度草地	中覆盖度草地	低覆盖度草地	合计
1970	0.03	0.77	0.64	0.07	6.79	7.65	21.25	37.20
1980	0.04	0.74	0.66	0.09	4.44	9.78	22.21	37.96
1990	0.04	0.74	0.65	0.09	3.77	9.73	22.53	37.55
2000	0.04	0.71	0.64	0.08	3.38	9.31	22.34	36.50
2013	0.05	0.76	0.60	0.07	3.11	7.67	19.47	31.73

　　由表 7-1 可知,1970 ~2013 年疏勒河流域中游绿洲天然植被面积总体上呈现先增加后减少的趋势,面积由 1970 年的 37.20 万 hm² 减少到 2013 年的 31.73 万 hm²,减少了 5.47 万 hm²。1970 年天然植被面积为 37.20 万 hm²,占研究区总面积的 24.98%,其中林地面积为 1.51 万 hm²,占天然植被总面积的 4.06%;草地面积为 35.69 万 hm²,占天然植被总面积的 95.94%;有林地面积为 0.03 万 hm²,灌木林地面积为 0.77 万 hm²,疏林地面

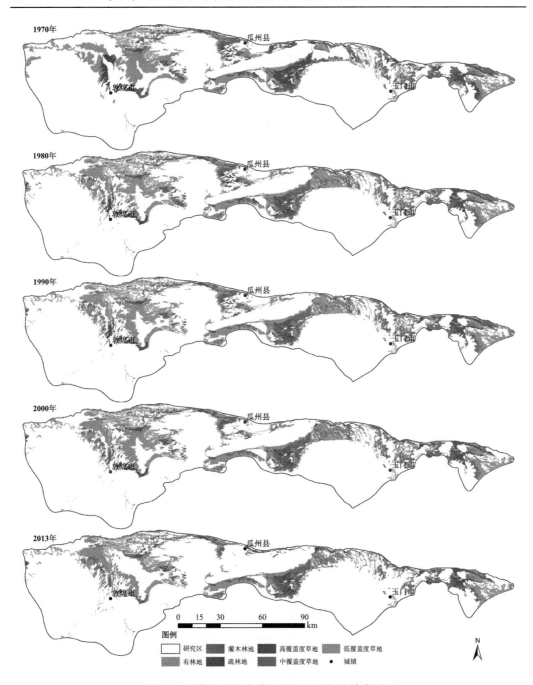

图 7-1 疏勒河流域中游绿洲不同时期植被类型图

积为 0.64 万 hm² ,其他林地面积为 0.07 万 hm² ,高覆盖度草地面积为 6.79 万 hm² ,中覆盖度草地面积为 7.65 万 hm² ,低覆盖度草地面积为 21.25 万 hm² ,分别占天然植被总面积的 0.08%、2.07%、1.72%、0.19%、18.25%、20.57%、57.12% 。

1980 年天然植被面积为 37.96 万 hm² ,占研究区总面积的 24.50% ,其中林地面积为 1.53 万 hm² ,占天然植被总面积的 4.03% ;草地面积为 36.43 万 hm² ,占天然植被总面积的95.97%;有林地面积为0.04万hm²,灌木林地面积为0.74万hm²,疏林地面积为0.66万hm²,其他林地面积为0.09万hm²,高覆盖度草地面积为4.44万hm²,中覆盖度草地面积为9.78万hm²,低覆盖度草地面积为22.21万hm²,分别占天然植被总面积的0.10%、1.95%、1.74%、0.24%、11.70%、25.76%、58.51%。

1990年天然植被面积为37.55万hm²,占研究区总面积的25.22%,其中林地面积为1.52万hm²,占天然植被总面积的4.05%;草地面积为36.03万hm²,占天然植被总面积的95.05%;有林地面积为0.04万hm²,灌木林地面积为0.74万hm²,疏林地面积为0.65万hm²,其他林地面积为0.09万hm²,高覆盖度草地面积为3.77万hm²,中覆盖度草地面积为9.73万hm²,低覆盖度草地面积为22.53万hm²,分别占天然植被总面积的0.10%、1.97%、1.73%、0.24%、10.04%、25.91%、60.00%。

2000年天然植被面积为36.50万hm²,占研究区总面积的24.51%,其中林地面积为1.47万hm²,占天然植被总面积的4.03%;草地面积为35.03万hm²,占天然植被总面积的95.97%;有林地面积为0.04万hm²,灌木林地面积为0.71万hm²,疏林地面积为0.64万hm²,其他林地面积为0.08万hm²,高覆盖度草地面积为3.38万hm²,中覆盖度草地面积为9.31万hm²,低覆盖度草地面积为22.34万hm²,分别占天然植被总面积的0.11%、1.95%、1.75%、0.22%、9.26%、25.51%、61.20%。

2013年天然植被面积为31.73万hm²,占研究区总面积的21.31%,其中林地面积为1.48万hm²,占天然植被总面积的4.66%;草地面积为30.25万hm²,占天然植被总面积的95.34%;有林地面积为0.05万hm²,灌木林地面积为0.76万hm²,疏林地面积为0.60万hm²,其他林地面积为0.07万hm²,高覆盖度草地面积为3.11万hm²,中覆盖度草地面积为7.67万hm²,低覆盖度草地面积为19.47万hm²,分别占天然植被总面积的0.16%、2.40%、1.89%、0.22%、9.80%、24.17%、61.36%。

7.1.1.2 不同时期天然植被生态需水量变化特征

基于上述计算方法和确定的相关参数,计算得出疏勒河流域中游绿洲不同时期天然植被生态需水量(见表7-2)。由表7-2可知,1970~2013年疏勒河流域中游绿洲天然植被生态需水量呈现逐渐减少趋势,由1970年的2.93亿m³减少到2013年的1.90亿m³,减少了1.03亿m³。1970年天然植被生态需水量为2.93亿m³,其中林地需水量为0.11亿m³,占3.75%;草地需水量为2.82亿m³,占96.25%。1980年天然植被生态需水量为2.49亿m³,其中林地需水量为0.12亿m³,占4.82%,草地需水量为2.37亿m³,占95.18%。1990年天然植被生态需水量为2.30亿m³,其中林地需水量为0.12亿m³,占5.20%;草地需水量为2.18亿m³,占94.70%。2000年天然植被生态需水量为2.14亿m³,其中林地需水量为0.12亿m³,占5.44%,草地需水量为2.02亿m³,占94.39%。2013年天然植被生态需水量为1.90亿m³,其中林地需水量为0.13亿m³,占6.84%;草地需水量为1.77亿m³,占93.16%。总体上,草地生态需水量所占比例相对较大,达到90%以上,而林地生态需水量所占比例相对较小,不足10%。

表 7-2　疏勒河流域中游绿洲不同植被类型生态最小需水量

需水类型	单位面积最小需水量（m³/hm²）	1970 年		1980 年		1990 年		2000 年		2013 年	
		面积（hm²）	需水量（亿 m³）	面积（hm²）	需水量（亿 m³）	面积（hm²）	需水量（亿 m³）	面积（hm²）	需水量（亿 m³）	面积（hm²）	需水量（亿 m³）
有林地	5 045.44	0.03	0.01	0.04	0.02	0.04	0.02	0.04	0.02	0.05	0.03
灌木林地	1 067.77	0.77	0.08	0.74	0.08	0.74	0.08	0.71	0.08	0.76	0.08
疏林地	320.72	0.64	0.02	0.66	0.02	0.66	0.02	0.64	0.02	0.60	0.02
其他林地	35.70	0.07	0.00	0.09	0.00	0.09	0.00	0.08	0.00	0.07	0.00
高覆盖度草地	2 822.37	6.79	1.92	4.44	1.25	3.77	1.06	3.38	0.95	3.11	0.88
中覆盖度草地	1 067.77	7.65	0.82	9.78	1.04	9.73	1.04	9.31	0.99	7.67	0.82
低覆盖度草地	35.70	21.25	0.08	22.21	0.08	22.53	0.08	22.34	0.08	19.47	0.07
合计			2.93		2.49		2.30		2.14		1.90

　　从图 7-2 和表 7-2 可知,天然林地生态需水量中灌木林地生态需水量相对较大,其次为有林地和疏林地,其他林地相对最小。1970～2013 年天然林地中有林地生态需水呈现增加的趋势,灌木林地呈现先减少后增加的趋势,疏林地呈现先增加后减少的趋势,而其他林地变化趋势不甚明显。从图 7-3 和表 7-2 可知,天然草地生态需水量中高覆盖度草地生态需水量最大,其次为中覆盖度草地,低覆盖度草地最小。1970～2013 年天然草地中高覆盖度草地生态需水呈现逐渐减少趋势,中覆盖度草地呈现先减后增的趋势,低覆盖度草地变化趋势不明显。

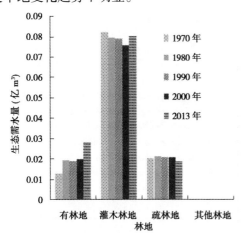

图 7-2　不同时期天然林地生态需水量

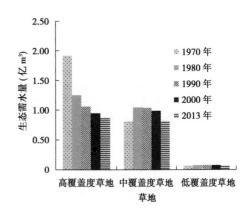

图 7-3　不同时期天然草地生态需水量

7.1.2　河流生态环境需水量时间变化特征

7.1.2.1　河流基本生态环境需水量

利用 1953~2013 年疏勒河流域中游潘家庄水文站 61 年的河流流量统计数据,得到疏勒河流域中游 1953~1970 年、1953~1980 年、1953~1990 年、1953~2000 年和 1953~2013 年 5 个时段多年月平均流量和多年月最小流量,并根据确定的计算方法,得出 1970 年、1980 年、1990 年、2000 年和 2013 年疏勒河基本生态环境需水量分别为 1.40 亿 m³、1.20 亿 m³、1.10 亿 m³、1.00 亿 m³ 和 1.00 亿 m³。

7.1.2.2　河流输沙需水量

利用疏勒河流域中游潘家庄水文站含沙量统计数据,计算得出潘家庄水文站处输沙需水量作为疏勒河流域中游河流输沙需水量。潘家庄水文站处多年平均输沙量为 203.01 万 m³,最大月平均含沙量 53.86 kg/m³。根据河流输沙生态环境需水量计算方法,计算得出潘家庄水文站处输沙需水量为 1.11 亿 m³。因此,疏勒河流域中游河流输沙需水量为 1.11 亿 m³。

7.1.2.3　河流渗漏补给需水量

疏勒河干流中游长 124 km,根据收集资料得到疏勒河流域中游渗透系数、水力坡度和含水层厚度平均值,确定时间为 365 d,并根据河流渗漏补给需水量计算方法,计算得到入渗量为 0.83 亿 m³。

7.1.2.4　河流水面蒸发生态需水量

疏勒河流域中游多年平均降水量为 63.79 mm,多年平均蒸发量 2 704.87 mm。根据清华大学玉门试验站观测资料,通过累计潜水蒸发量和累计蒸发皿蒸发量计算得出水面蒸发折算系数为 0.59。计算得到 1970 年、1980 年、1990 年、2000 年和 2013 年河流水面蒸发生态需水量分别为 1.28 亿 m³、0.73 亿 m³、0.71 亿 m³、0.64 亿 m³ 和 0.68 亿 m³(见表 7-3)。由表 7-3 可知,1970~2013 年疏勒河河流水面蒸发生态需水量呈现逐渐减少趋势,由 1970 年的 1.28 亿 m³ 减少到 2013 年的 0.68 亿 m³,减少了 0.60 亿 m³。

表 7-3　疏勒河流域中游绿洲区水域蒸发需水量计算结果

水域类型	面积(hm²)					平均降水量 (mm)	蒸发量 (mm)	水面蒸发折算系数	蒸发需水量(亿 m³)				
	1970 年	1980 年	1990 年	2000 年	2013 年				1970 年	1980 年	1990 年	2000 年	2013 年
河渠	8 336.93	4 791.75	4 660.59	4 161.41	4 414.94				1.28	0.73	0.71	0.64	0.68
湖泊	617.57	663.51	706.94	398.91	425.76	63.79	2 704.87	0.59	0.09	0.10	0.11	0.06	0.07
水库	699.97	1 677.45	2 820.94	3 848.22	2 522.33				0.11	0.26	0.43	0.59	0.39
沼泽	92 157.36	27 942.16	23 710.93	21 343.65	14 629.13				14.12	4.28	3.63	3.27	2.24
合计	101 811.83	35 074.87	31 899.40	29 752.19	21 992.16				15.60	5.37	4.88	4.56	3.38

7.1.2.5　河流生态环境需水总量

通过计算,在不考虑河流输沙需水量时,河流生态环境需水量由河流基本生态、河道渗漏补给和河流水面蒸发需水量组成,1970 年、1980 年、1990 年、2000 年和 2013 年分别为 3.51 亿 m³、2.76 亿 m³、2.64 亿 m³、2.47 亿 m³ 和 2.51 亿 m³,其中河流基本生态环境需水量占河流生态环境需水量比例分别为 39.9%、43.5%、41.7%、40.5% 和 39.8%,渗漏补给需水量与水面蒸发环境需水量分别占 23.6%、30.1%、31.4%、33.6%、33.1% 和 36.5%、26.4%、26.9%、25.9%、27.1%。在考虑输沙需水量时,河流生态环境需水量由河流输沙、河道渗漏补给和河流水面蒸发需水量组成,1970 年、1980 年、1990 年、2000 年和 2013 年分别为 3.22 亿 m³、2.67 亿 m³、2.65 亿 m³、2.58 亿 m³ 和 2.62 亿 m³,其中河流输沙生态环境需水量占河流生态环境需水总量分别为 34.5%、41.6%、41.9%、43.0% 和 42.4%,河道渗漏补给需水量分别占 25.8%、31.1%、31.3%、32.2% 和 31.7%,河流水面蒸发生态需水量分别占 39.7%、27.3%、26.8%、24.8% 和 25.9%。

7.1.3 湿地生态环境需水量时间变化特征

计算得到 1970 年、1980 年、1990 年、2000 年和 2013 年湿地生态环境需水量分别为 14.32 亿 m³、4.64 亿 m³、4.17 亿 m³、3.92 亿 m³ 和 2.70 亿 m³(见表 7-4),其中沼泽生态环境需水量分别为 14.12 亿 m³、4.28 亿 m³、3.63 亿 m³、3.27 亿 m³ 和 2.24 亿 m³,分别占湿地生态环境需水量的 98.6%、92.3%、87.1%、83.4% 和 83.0%,水库生态环境需水量分别为 0.11 亿 m³、0.26 亿 m³、0.43 亿 m³、0.59 亿 m³ 和 0.39 亿 m³,分别占湿地生态环境需水量的 0.7%、5.5%、10.4%、15.0% 和 14.4%,湖泊生态环境需水量分别为 0.09 亿 m³、0.10 亿 m³、0.11 亿 m³、0.06 亿 m³ 和 0.07 亿 m³,分别占湿地生态环境需水量的 0.7%、2.2%、2.6%、1.6% 和 2.6%,说明在疏勒河流域中游绿洲区沼泽地所占比例相对较大,应进一步加强湿地保护。1970~2013 年疏勒河流域中游绿洲湿地生态环境需水量呈现逐渐减少趋势,由 1970 年的 14.32 亿 m³ 减少到 2013 年的 2.70 亿 m³,减少了 11.62 亿 m³,说明在疏勒河流域中游绿洲湿地退化比较严重。

表 7-4 疏勒河流域中游绿洲区生态环境需水总量　　　　　（单位:亿 m³）

需水类型		1970 年	1980 年	1990 年	2000 年	2013 年
天然植被生态环境需水量		2.93	2.50	2.30	2.14	1.89
河流	基本生态环境需水量	1.40	1.20	1.10	1.00	1.00
	输沙环境需水量	1.11	1.11	1.11	1.11	1.11
	河道渗漏补给需水量	0.83	0.83	0.83	0.83	0.83
	水面蒸发生态环境需水量	1.28	0.73	0.71	0.64	0.68
湿地生态环境需水量		14.32	4.64	4.17	3.92	2.70
防治耕地盐碱化环境需水量		0.11	0.11	0.11	0.13	0.20
合计		17.94	7.51	6.92	6.63	5.52

7.1.4 防治耕地盐碱化环境需水量时间变化特征

气候、地形地貌、水文地质条件、含盐土壤母质以及人类活动影响是造成当地盐碱化的主要原因,在地形相对平坦的中游地区,地下径流条件差,地下水位高,加之水利工程措施不完善,如不合理灌溉、排水沟道失修或淤积堵塞严重及排水系统不配套等因素,导致区域耕地盐碱化的发生,耕地盐碱化面积达到总耕地面积的20%以上。因此,为了进一步减少盐分对作物的危害,采用秋灌和春灌方式压减耕地盐分。一方面用较大的水量能将土壤中的盐分淋洗达到作物生长的目标;另一方面还要节约用水,防止抬高地下水位和影响土壤肥力。根据干旱区不同质地不同含盐量土壤的洗盐定额,结合疏勒河流域中游实际情况,依据段文典(2007)试验成果,从而确定疏勒河流域灌区播前灌溉定额为 1 500 ~ 2 000 m³/hm²,据此确定防治耕地盐碱化的灌溉定额 600 m³/hm²。

灌区盐碱化面积占耕地面积的20%,1970年、1980年、1990年、2000年和2013年盐碱化面积分别为18 777.03 hm²、18 391.67 hm²、18 666.70 hm²、22 316.94 hm²和33 561.39 hm²,计算得到1970年、1980年、1990年、2000年和2013年区域防治耕地盐碱化环境需水量分别为0.11亿 m³、0.11亿 m³、0.11亿 m³、0.13亿 m³和0.20亿 m³(见表7-4)。

7.1.5　疏勒河流域中游绿洲生态环境需水总量

通过计算,得到疏勒河流域中游绿洲1970年、1980年、1990年、2000年和2013年生态环境需水总量分别为17.94亿 m³、7.51亿 m³、6.92亿 m³、6.63亿 m³和5.52亿 m³,见表7-4。由表7-4可知,1970 ~ 2013年疏勒河流域中游绿洲生态需水量总量呈现逐渐减少的趋势,由1970年的17.94亿 m³减少到2013年的5.52亿 m³,减少了12.42亿 m³。

7.2　疏勒河流域中游绿洲生态环境需水量空间变化特征

7.2.1　天然植被生态需水量空间变化特征

通过计算敦煌、玉门和瓜州3个区域天然植被生态需水量,得到1970 ~ 2013年疏勒河流域中游绿洲不同区域生态需水量(见表7-5、图7-4 ~ 图7-6)。从表7-5和图7-4可知,1970 ~ 2013年敦煌、玉门和瓜州天然林地生态需水量绝大多数呈现敦煌最大、瓜州最小和玉门相对较小的空间变化特征,其中有林地和疏林地生态需水量敦煌最大,瓜州相对较大,玉门最小,灌木林地玉门最大,瓜州和敦煌相对较大,而其他林地玉门最大,瓜州相对较大,敦煌最小。1970 ~ 2013年敦煌、玉门和瓜州天然草地生态需水量排序均为瓜州 > 玉门 > 敦煌,其中高覆盖度草地需水量瓜州和玉门相对较大,敦煌相对较小,中覆盖度草地排序均为瓜州 > 玉门 > 敦煌,而低覆盖度草地排序均为敦煌 > 瓜州 > 玉门(见表7-5和图7-5)。1970年瓜州、玉门和敦煌天然植被生态需水量分别为15 665.59万 m³、8 245.99万 m³和5 352.61万 m³,分别占总需水量的53.53%、28.18%和18.29%;1980年分别为11 642.42万 m³、8 419.09万 m³和4 920.96万 m³,分别占总需水量的46.60%、33.70%和19.70%;1990年分别为10 214.56万 m³、8 384.35万 m³和4 424.21万 m³,分别占总需水量的44.37%、36.42%和19.22%;2000年分别为9 778.42万 m³、7 762.92万 m³和3 891.15万 m³,分别占总需水量的45.62%、36.22%和18.16%;2013年分别为9 421.39万 m³、6 552.10万 m³和2 966.14万 m³,分别占总需水量的49.74%、34.60%和

15.66%。总体上讲,1970～2013年疏勒河流域中游绿洲天然植被生态需水量空间变化特征排序均为瓜州＞玉门＞敦煌(见表7-5和图7-6),同时各区域天然植被生态需水量均呈现减少趋势。

表7-5　疏勒河流域中游绿洲区不同区域天然植被生态需水量　　　（单位:万 m³）

年份	地区	有林地	灌木林地	疏林地	其他林地	小计	高覆盖度草地	中覆盖度草地	低覆盖度草地	小计	合计
1970	敦煌	82.96	285.93	125.26	0	494.15	3 720.77	756.81	380.88	4 858.46	5 352.61
	玉门	0	317.75	32.84	1.66	352.25	4 461.83	3 304.81	127.10	7 893.74	8 245.99
	瓜州	49.04	220.17	46.72	0.79	316.72	10 989.74	4 108.66	250.47	15 348.87	15 665.59
1980	敦煌	144.01	239.52	132.40	0.40	516.33	2 562.28	1 471.46	370.89	4 404.63	4 920.96
	玉门	0	317.75	32.84	1.72	352.31	4 477.59	3 466.23	122.96	8 066.78	8 419.09
	瓜州	49.04	237.39	46.72	0.94	334.09	5 500.90	5 508.62	298.81	11 308.33	11 642.42
1990	敦煌	144.05	235.25	132.36	0.40	512.06	2 413.24	1 122.31	376.60	3 912.15	4 424.21
	玉门	0	317.75	32.84	1.72	352.31	4 477.59	3 431.49	122.96	8 032.04	8 384.35
	瓜州	49.04	237.39	45.18	0.94	332.55	3 739.82	5 837.54	304.65	9 882.01	10 214.56
2000	敦煌	151.17	239.87	132.40	0.40	523.84	1 489.96	1 499.32	378.03	3 367.31	3 891.15
	玉门	0	284.50	32.84	1.72	319.06	4 331.62	2 991.30	120.94	7 443.86	7 762.92
	瓜州	49.04	233.27	40.81	0.94	324.06	3 706.12	5 449.76	298.48	9 454.36	9 778.42
2013	敦煌	263.66	323.87	132.96	0.36	720.85	437.27	1 476.76	331.26	2 245.29	2 966.14
	玉门	0	288.19	29.99	1.42	319.60	3 824.01	2 299.35	109.14	6 232.50	6 552.10
	瓜州	19.37	196.29	29.50	0.77	245.93	4 510.61	4 410.28	254.57	9 175.46	9 421.39

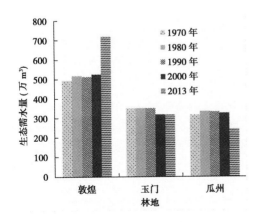
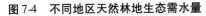

图7-4　不同地区天然林地生态需水量

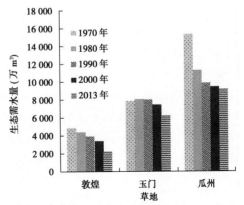

图7-5　不同地区天然草地生态需水量

7.2.2　河流生态环境需水量空间变化特征

通过计算敦煌、玉门和瓜州3个区域河流生态环境需水量,得到1970～2013年疏勒

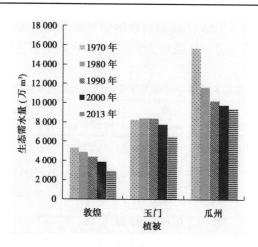

图7-6　不同地区天然植被生态需水量

河流域中游绿洲不同区域河流生态环境需水量(见表7-6、图7-7)。从表7-6和图7-7可知,1970年瓜州、玉门和敦煌河流生态环境需水量分别为3.23亿 m^3、0.33亿 m^3 和1.05亿 m^3,分别占总需水量的70.07%、7.15%和22.78%;1980年分别为2.74亿 m^3、0.24亿 m^3 和0.88亿 m^3,分别占总需水量的70.98%、6.22%和22.80%;1990年分别为2.67亿 m^3、0.23亿 m^3 和0.85亿 m^3,分别占总需水量的71.20%、6.13%和22.67%;2000年分别为2.54亿 m^3、0.22亿 m^3 和0.82亿 m^3,分别占总需水量的70.95%、6.14%和22.91%;2013年分别为2.61亿 m^3、0.22亿 m^3 和0.79亿 m^3,分别占总需水量的72.10%、6.08%和21.82%。总体上,1970~2013年疏勒河流域中游绿洲河流生态环境需水量空间变化特征排序呈现瓜州 > 敦煌 > 玉门(见表7-6和图7-7),同时各区域河流生态环境需水量均呈现减少趋势。

表7-6　疏勒河流域中游绿洲区不同区域生态环境需水量　　　(单位:亿 m^3)

需水类型	1970年			1980年			1990年			2000年			2013年		
	敦煌	玉门	瓜州	敦煌	玉门	瓜州	敦煌	玉门	瓜州	敦煌	玉门	瓜州	敦煌	玉门	瓜州
天然植被生态环境需水量	0.54	0.82	1.57	0.49	0.85	1.16	0.44	0.84	1.02	0.39	0.78	0.97	0.30	0.65	0.94
基本生态环境需水量	0.31	0.07	1.01	0.26	0.07	0.86	0.24	0.07	0.79	0.22	0.06	0.72	0.22	0.06	0.72
输沙环境需水量	0.24	0.07	0.80	0.24	0.07	0.80	0.24	0.07	0.80	0.24	0.07	0.80	0.24	0.07	0.80
河道渗漏补给需水量	0.18	0.05	0.60	0.18	0.05	0.60	0.18	0.05	0.60	0.18	0.05	0.60	0.18	0.05	0.60
水面蒸发生态需水量	0.32	0.14	0.82	0.20	0.05	0.48	0.19	0.04	0.48	0.18	0.04	0.42	0.15	0.04	0.49
湿地生态环境需水量	9.34	1.78	3.20	3.26	0.52	0.86	2.79	0.52	0.86	2.52	0.50	0.90	1.75	0.26	0.69
防治耕地盐碱化环境需水量	0.02	0.04	0.05	0.02	0.04	0.05	0.02	0.04	0.05	0.03	0.04	0.06	0.04	0.07	0.09
合计	10.95	2.97	8.05	4.65	1.65	4.81	4.10	1.63	4.60	3.76	1.54	4.47	2.87	1.20	4.33

7.2.3　湿地生态环境需水量空间变化特征

通过计算敦煌、玉门和瓜州3个区域湿地生态环境需水量,得到1970~2013年疏勒河流域中游绿洲不同区域湿地生态环境需水量(见表7-6,图7-8)。从表7-6和图7-8可

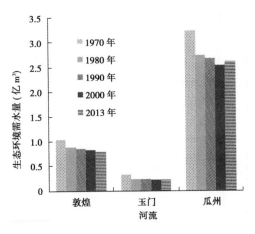

图 7-7 疏勒河流域中游绿洲不同区域河流生态环境需水量

知,1970 年瓜州、玉门和敦煌湿地生态环境需水量分别为 3.20 亿 m³、1.78 亿 m³ 和 9.34 亿 m³,分别占总需水量的 22.35%、12.43% 和 65.22%;1980 年分别为 0.86 亿 m³、0.52 亿 m³ 和 3.26 亿 m³,分别占总需水量的 18.53%、11.21% 和 70.26%;1990 年分别为 0.86 亿 m³、0.52 亿 m³ 和 2.79 亿 m³,分别占总需水量的 20.62%、12.47% 和 66.91%;2000 年分别为 0.90 亿 m³、0.50 亿 m³ 和 2.52 亿 m³,分别占总需水量的 22.95%、12.76% 和 64.29%;2013 年分别为 0.69 亿 m³、0.26 亿 m³ 和 1.75 亿 m³,分别占总需水量的 25.56%、9.63% 和 64.81%。总体上,1970~2013 年疏勒河流域中游绿洲湿地生态环境需水量空间变化特征排序呈现敦煌 > 瓜州 > 玉门(见表 7-6 和图 7-8),同时各区域湿地生态环境需水量呈现减少趋势。

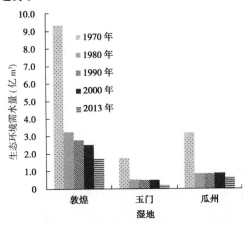

图 7-8 疏勒河流域中游绿洲不同区域湿地生态环境需水量

7.2.4 防治耕地盐碱化生态环境需水量空间变化特征

通过计算敦煌、玉门和瓜州 3 个区域防治耕地盐碱化生态环境需水量,得到 1970~2013 年疏勒河流域中游绿洲不同区域防治耕地盐碱化生态环境需水量(见表 7-6、图 7-9)。从表 7-6 和图 7-9 可知,1970 年、1980 年和 1990 年瓜州、玉门和敦煌防治耕地盐碱化生态环境需水量均为 0.05 亿 m³、0.04 亿 m³ 和 0.02 亿 m³,分别占总需水量的比例均为 45.46%、36.36% 和 18.18%;2000 年分别为 0.06 亿 m³、0.04 亿 m³ 和 0.03 亿 m³,分别占总需水量的 46.15%、30.77% 和 23.08%;2013 年分别为 0.09 亿 m³、0.07 亿 m³ 和 0.04 亿 m³,分别占总需水量的 45.00%、35.00% 和 20.00%。总体上,1970~2013 年疏勒河流域中游绿洲防治耕地盐碱化生态环境需水量空间变化特征排序均现瓜州 > 玉门 > 敦煌(见表 7-6 和图 7-9),同时各区域防治耕地盐碱化生态环境需水量呈现增加趋势。

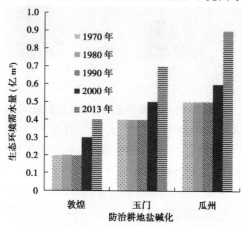

图 7-9 疏勒河流域中游绿洲不同区域防治耕地盐碱化生态环境需水量

7.2.5 中游绿洲总的生态环境需水量空间变化特征

通过计算敦煌、玉门和瓜州 3 个区域植被生态、河流基本生态、河流输沙、河道渗漏补给、河流水面蒸发、湿地生态以及防治耕地盐碱化环境需水量,得到 1970 年、1980 年、1990 年、2000 年和 2103 年不同区域总的生态环境需水量,进而探讨疏勒河流域中游绿洲生态环境需水量空间变化特征(见表 7-6、图 7-10)。从表 7-6 和图 7-10 可知,1970 年敦煌、玉门和瓜州生态环境需水量呈现敦煌最大、玉门最小,瓜州介于二者之间的空间变化特征。1980 年、1990 年、2000 年和 2013 年敦煌、玉门和瓜州生态环境需水量均呈现瓜州最大、玉门最小,敦煌介于二者之间的空间变化特征。1970 年敦煌、玉门和瓜州生态环境需水量分别为 10.95 亿 m³、2.97 亿 m³ 和 8.05 亿 m³,分别占总需水量的 49.84%、13.52% 和 36.64%;1980 年分别为 4.65 亿 m³、1.65 亿 m³ 和 4.81 亿 m³,分别占总需水量的 41.86%、14.85% 和 43.29%;1990 年分别为 4.10 亿 m³、1.63 亿 m³ 和 4.60 亿 m³,分别占总需水量的 39.69%、15.78% 和 44.53%;2000 年分别为 3.76 亿 m³、1.54 亿 m³ 和 4.47 亿 m³,分别占总需水量的 38.49%、15.76% 和 45.75%;2013 年分别为 2.87 亿 m³、1.20 亿 m³ 和 4.33 亿 m³,分别占总需水量的 34.21%、14.30% 和 51.49%。总体上,疏勒河流域中游绿洲总生态环境需水量空间变化特征呈现瓜州 > 敦煌 > 玉门,同时各区域生态环境需水量呈现减少趋势。

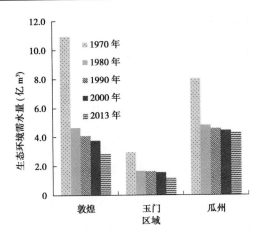

图 7-10　疏勒河流域中游绿洲不同区域总生态环境需水量

7.3　小　结

1970 年、1980 年、1990 年、2000 年和 2013 年疏勒河流域中游绿洲天然植被面积分别为 37.20 万 hm^2、37.96 万 hm^2、37.55 万 hm^2、36.50 万 hm^2 和 31.73 万 hm^2，分别占研究区总面积的 24.98%、24.50%、25.22%、24.51% 和 21.31%。1970 ~ 2013 年疏勒河流域中游绿洲天然植被面积总体上呈现先增加后减少的趋势，面积由 1970 年的 37.20 万 hm^2 减少到 2013 年的 31.73 万 hm^2，减少了 5.47 万 hm^2。

1970 年、1980 年、1990 年、2000 年和 2013 年疏勒河流域中游绿洲天然植被生态需水量分别为 2.93 亿 m^3、2.49 亿 m^3、2.30 亿 m^3、2.14 亿 m^3 和 1.90 亿 m^3。1970 ~ 2013 年疏勒河流域中游绿洲天然植被生态需水量呈逐渐减少趋势，由 1970 年的 2.93 亿 m^3 减少到 2013 年的 1.90 亿 m^3，减少了 1.03 亿 m^3。同时在各时段，草地生态需水量所占比例相对较大，达到 90% 以上，而林地生态需水量所占比例相对较小，不足 10%。

1970 年瓜州、玉门和敦煌天然植被生态需水量分别为 15 665.59 万 m^3、8 245.99 万 m^3 和 5 352.61 万 m^3，分别占总需水量的 53.53%、28.18% 和 18.29%；1980 年分别为 11 642.42 万 m^3、8 419.09 万 m^3 和 4 920.96 万 m^3，分别占总需水量的 46.60%、33.70% 和 19.70%；1990 年分别为 10 214.56 万 m^3、8 384.35 万 m^3 和 4 424.21 万 m^3，分别占总需水量的 44.37%、36.41% 和 19.22%；2000 年分别为 9 778.42 万 m^3、7 762.92 万 m^3 和 3 891.15 万 m^3，分别占总需水量的 45.62%、36.22% 和 18.16%；2013 年分别为 9 421.39 万 m^3、6 552.10 万 m^3 和 2 966.14 万 m^3，分别占总需水量的 49.74%、34.60% 和 15.66%。总体上，1970 ~ 2013 年疏勒河流域中游绿洲天然植被生态需水量空间变化特征排序呈现瓜州 > 玉门 > 敦煌，同时各区域天然植被生态需水量呈现减少趋势。

根据所确定的计算方法，得到疏勒河流域中游绿洲 1970 年、1980 年、1990 年、2000 年和 2013 年天然植被生态环境需水量分别为 2.93 亿 m^3、2.49 亿 m^3、2.30 亿 m^3、2.14 亿 m^3 和 1.90 亿 m^3；河流基本生态环境需水量分别为 1.40 亿 m^3、1.20 亿 m^3、1.10 亿 m^3、1.00 亿 m^3 和 1.00 亿 m^3；河流输沙生态环境需水量均为 1.11 亿 m^3；河流渗漏补给生态环境需水量均为 0.83 亿 m³;水面蒸发生态环境需水量分别为 1.28 亿 m³、0.73 亿 m³、0.71 亿 m³、0.64 亿 m³ 和 0.68 亿 m³;湿地生态环境需水量分别为 14.32 亿 m³、4.64 亿 m³、4.17 亿 m³、3.92 亿 m³ 和 2.70 亿 m³;防治耕地盐碱化生态环境需水量分别为 0.11 亿 m³、0.11 亿 m³、0.11 亿 m³、0.13 亿 m³ 和 0.20 亿 m³;同时计算得出总生态环境需水量分别为 17.94 亿 m³、7.51 亿 m³、6.92 亿 m³、6.63 亿 m³ 和 5.52 亿 m³。

1970～2013 年疏勒河流域中游绿洲天然植被、河流基本生态、河流水面蒸发和湿地生态环境需水量均呈现逐渐减少趋势,分别减少了 1.03 亿 m³、0.40 亿 m³、0.60 亿 m³ 和 11.62 亿 m³,同时总生态环境需水量也呈现逐渐减少的趋势,减少了 12.42 亿 m³,而防治耕地盐碱化生态环境需水量呈现逐渐增加的趋势,增加了 0.09 亿 m³。

在不考虑和考虑河流输沙需水量时,1970 年、1980 年、1990 年、2000 年和 2013 年疏勒河河流生态环境需水量分别为 3.51 亿 m³、2.76 亿 m³、2.64 亿 m³、2.47 亿 m³、2.51 亿 m³ 和 3.22 亿 m³、2.67 亿 m³、2.65 亿 m³、2.58 亿 m³、2.62 亿 m³。

1970～2013 年疏勒河流域中游绿洲天然植被、河流生态和湿地生态环境需水量空间变化特征排序分别为瓜州 > 玉门 > 敦煌、瓜州 > 敦煌 > 玉门和敦煌 > 瓜州 > 玉门,同时各区域天然植被、河流生态和湿地生态环境需水量均呈现减少趋势,而防治耕地盐碱化生态环境需水量排序为瓜州 > 玉门 > 敦煌,同时各区域防治耕地盐碱化生态环境需水量均呈现增加趋势。总体上,疏勒河流域中游绿洲总生态环境需水量空间变化特征呈现瓜州 > 敦煌 > 玉门,同时各区域生态环境需水量均呈现减少趋势。

疏勒河流域关于生态需水的相关研究相对较少,仅有很少学者对疏勒河流域湖泊湿地生态需水量进行了估算,尤其针对流域中游绿洲生态需水量时空变化特征的研究几乎为零。本章较系统详细地从天然植被、河流基本生态、河流输沙、河流渗漏补给、水面蒸发、湿地生态和防治耕地盐碱化环境需水量方面估算了不同时间、不同区域生态环境需水量,计算结果为区域生态环境保护和恢复以及水资源综合管理和优化配置提供一定参考依据,同时研究结果对促进《敦煌水资源合理利用与生态保护综合规划》的顺利实施具有一定借鉴与参考作用。然而,研究时间尺度相对较长,区别于以往定点定时研究,计算涉及方法相对较多,选取参数也相对较多,同时受区域下垫面条件和多方面因素影响,流域生态环境需水与水资源关系还有待进一步研究和深入。由于流域生态环境需水量不断被挤占,区域地下水不能得到有效补给,严重影响区域生态环境的自我修复,致使区域生态环境日益恶化。因此,基于生态需水计算结果,应进一步加强流域生态保护和水资源调控与配置研究,提高水资源综合管理程度,协调流域各部门与各区域水资源配置比例,提出流域绿洲生态恢复和水资源配置方案,确保流域中游绿洲生态目标与经济目标的协调发展,实现流域绿洲水资源与生态环境的协调可持续发展。

第 8 章 基于生态保护目标的疏勒河流域中游绿洲生态环境需水研究

8.1 生态保护与恢复原则

生态保护与恢复指通过人工方法,遵循自然规律保护和恢复天然生态系统。生态保护与恢复的含义远远超出以稳定水土流失地域为目的的植树,也不仅仅是种植多样的当地植物来保护区域生态系统。这里的生态保护与恢复是人为帮助自然,保护区域生态环境,为这个地区动植物生存提供最基本条件,然后在人类保护基础上自然演化,最后实现恢复。生态保护与恢复应该遵循以下原则。

8.1.1 可持续性原则

疏勒河流域中游绿洲生态演化过程充分表明,其恶化的生态状况是人类过多地占用了自然资源,违背了可持续发展原则的结果。因此,在未来疏勒河流域中游绿洲生态保护与恢复过程中,要遵循可持续发展原则,实现生态效益、经济效益和社会效益的最优化和协调。人类在开发自然资源的同时,对流域绿洲生态系统扰动是不可避免的;然而,不合理的人类扰动会对流域绿洲生态系统造成毁灭性的结果。因此,在进行流域绿洲资源开发的同时,要实行"用养结合"的原则。

8.1.2 可恢复性原则

生态恢复的终极目标就是扭转流域绿洲生态恶化的局面,实现流域绿洲初始的、优化的生态格局。然而,对于现实的生态系统而言,因环境条件的改变和受生态系统自身演化规律的制约,部分已被破坏的生态系统是不可能恢复到原有状态的。因此,在对疏勒河流域中游绿洲的生态状况进行保护与恢复的同时,要遵循可恢复性的原则。对于不可恢复的生态系统,在遵循生态演化规律的基础上,采用替代生态系统弥补其生态功能的丧失。

8.1.3 以水定地原则

水是疏勒河流域中游绿洲生态改善的限制性因子,水资源的多寡维系着疏勒河流域中游绿洲的存亡。由于水资源的稀缺性特征,生态建设也不可能处于无极的理想状态。从生态环境现状与发展趋势的分析结果来看,土地沙漠化和盐碱化是最为突出的生态环境问题,植被退化贯穿于它们之中,其结果直接威胁中游天然绿洲的存亡。所有这些生态环境问题都是以水资源为核心要素的生态问题,是水资源总量不足且分配不均衡所导致的负面效应,这在我国干旱内陆河流域具有普遍性,但对于疏勒河流域中游绿洲而言,由于事关民族稳定与发展等问题,流域中游绿洲维护显得更为重要与迫切。在疏勒河流中游绿洲进行生态恢复时,要遵循以水定地的原则。在充分发挥水资源生态效益的同时,确立合理的生态恢复规模。

8.1.4 生态服务功能最优原则

对于特定生态系统服务功能的发挥而言,一方面受到其规模的影响,具体来说就是某种生态系统所占据的地域范围;另一方面是本身的生态服务能力,如均为林地生态系统的有林地和疏林地,有林地的生态服务能力要远远高于疏林地的生态服务能力。因此,在进行疏勒河流域中游绿洲生态恢复的过程中,不仅要确立合理的生态恢复规模,同时还要提高单类景观的生态服务能力,实现生态服务功能最优。

上述原则相互联系又有机统一,可持续性是核心,可恢复性、以水定地是关键,生态服务功能最优是目标。在进行疏勒河流域中游绿洲生态恢复过程中,要在上述原则的制约下,因地制宜、因时制宜、用养结合地恢复流域生态系统功能。

8.2 生态保护与恢复目标确定

疏勒河流域中游绿洲区演化一方面受制于上游来水的多寡,另一方面受人类活动的干扰和调节。在区域有限的水资源条件下,要使疏勒河流域中游绿洲植被得到恢复,需采取相应的辅助工程以及保障措施。通过有计划、有步骤地实施轮牧、限牧和退牧,积极创造条件推行舍饲、半舍饲集约化牧业经营方式,大力推行围栏封育,减轻绿洲区牲畜压力及其对绿洲的直接破坏;保护和恢复天然胡杨林、红柳等植被,加强人工种植柽柳、梭梭等植被建设;选育耐旱耐盐物种,有计划地对疏勒河流域中游绿洲区林草植被实行人工调控,以发挥水资源的最大生态效益;增强疏勒河流域中游绿洲区天然林草植被、人工种植林草植被的恢复和生长能力,以提高中下游绿洲系统的生命支持能力。同时,通过人工措施,保护水域生态系统,恢复湿地功能,促进区域水域生态系统健康发展。因此,疏勒河流域中游绿洲生态恢复的主要目标为植被生态系统和水域生态系统,其具体包括有林地、灌木林地、疏林地、其他林地、高覆盖度草地、中覆盖度草地、低覆盖度草地、河渠、湖泊、水库和沼泽地。结合疏勒河流域中游绿洲区1990年、2000年和2013年不同类型土地利用面积,确定2020年和2030年疏勒河流域中游绿洲区植被生态系统和水域生态系统生态恢复目标,见表8-1。

8.2.1 2013～2020年

2013～2020年间需对不合理的土地利用方式进行调整。为扭转沙漠化加剧的局面,建立起防护林体系,需在绿洲边缘区建立起防护林带,初步形成防护林网,且要切实保证防护林网的景观联结性和相互作用程度。随着地下水埋深的增加与稳定,植被群落盖度有所提高。2020年各类型林地面积在2013年基础上增加5%,林地面积达到15 587.21 hm²;各类型草地面积增加20%,达到362 908.55 hm²;水域面积增加10%,达到8 099.34 hm²;沼泽地面积增加20%,达到17 554.95 hm²。通过2013～2020年生态恢复,疏勒河流域中游绿洲天然植被总面积达到378 495.75 hm²,水域面积达到8 099.34 hm²,植被和水

表 8-1　疏勒河流域中游绿洲不同水平年生态恢复目标

需水类型		1990 年		2000 年		2013 年		2020 年		2030 年	
		面积（hm²）	覆盖度（%）	面积（hm²）	覆盖度（%）	面积（hm²）	覆盖度（%）	面积（hm²）	覆盖度（%）	面积（hm²）	覆盖度（%）
植被生态系统	有林地	382.72	33	396.83	34	560.97	38	589.02	43	618.47	45
	灌木林地	7 402.31	42	7 095.64	41	7 570.44	43	7 948.96	48	8 346.41	51
	疏林地	6 559.26	13	6 424.50	12	6 000.58	11	6 300.61	15	6 615.64	20
	其他林地	857.28	6	858.22	6	712.97	8	748.62	10	786.05	12
	高覆盖度草地	37 665.66	55	33 757.77	52	31 079.89	50	37 295.87	53	41 025.46	55
	中覆盖度草地	97 318.23	38	93 094.87	32	76 668.27	26	92 001.92	30	101 202.11	31
	低覆盖度草地	225 273.34	13	223 379.23	12	194 675.62	10	233 610.75	11	256 971.82	14
水域生态系统	河渠	4 660.59		4 161.41		4 414.94		4 856.44		5 342.08	
	湖泊	706.94		398.91		425.76		468.33		515.17	
	水库	2 820.94		3 848.22		2 522.33		2 774.57		3 052.02	
	沼泽地	23 710.93		21 343.65		14 629.13		17 554.95		21 065.94	

域状况基本上达到 20 世纪 90 年代水平。从景观生态学角度来说,为保持绿洲区的良性发展,减少绿洲所受到的危害,需在极大限度地减少绿洲内部沙地面积,以减少其蔓延对绿洲的危害,同时减少人类活动对植被的扰动作用。因此,在 2013 ～ 2020 年间,需将绿洲区内部的盐碱地经过改良变成草地,同时,将在绿洲区内部零星分布的耕地采取进一步退耕还林的措施,将其转化为林地。

8.2.2　2020 ～ 2030 年

2020 ～ 2030 年间是绿洲景观生命支持能力全面提升的阶段。水源较为充足地区的林分进一步优化,草地覆盖度提升一个级别,防护林网体系进一步完善。2030 年各类型林地面积在 2020 年基础上再增加 5%,林地面积达到 16 366.57 hm²;各类型草地面积增加 10%,达到 399 199.39 hm²;水域面积再增加 10%,达到 8 909.27 hm²;沼泽地面积再增加 20%,达到 21 065.94 hm²。通过 2020 ～ 2030 年生态恢复,疏勒河流域中游绿洲天然植被总面积达到 415 565.96 hm²,水域面积达到 8 909.27 hm²,植被和水域状况在 2020 年基础上有所提升。同时在区域外调水情况下,通过前期地下水位的恢复,疏勒河流域中游绿洲 2020 ～ 2030 年间的地下水位将维持略有所提高,绿洲面积和群落覆盖度将呈现不同程度提高。

8.3　生态保护目标下疏勒河流域中游绿洲生态需水量计算

8.3.1　天然植被生态环境需水量

依据前面天然植被生态环境需水量计算方法,计算 2020 年和 2030 年疏勒河流域中游绿洲天然植被生态环境需水量。经计算,2020 年、2030 年疏勒河流域平原区维护植被生态环境需水量分别为 2.24 亿 m³ 和 2.47 亿 m³(见表 8-2)。按不同植被计算的生态需水量,2020 年林地需水量占 5.80%,为 0.13 亿 m³;草地占 94.20%,为 2.11 亿 m³。2030 年林地需水量占 5.67%,为 0.14 亿 m³;草地占 94.33%,为 2.33 亿 m³。

表 8-2　疏勒河流域平原区 2020 年和 2030 年不同植被类型生态最小需水量

需水类型	单位面积最小需水量（m³/hm²）	2020 年		2030 年	
		面积（hm²）	需水量（亿 m³）	面积（hm²）	需水量（亿 m³）
有林地	5 045.44	589.02	0.03	618.47	0.03
灌木林地	1 067.77	7 948.96	0.08	8 346.41	0.09
疏林地	320.72	6 300.61	0.02	6 615.64	0.02
其他林地	35.70	748.62	0	786.05	0
高覆盖度草地	2 822.37	37 295.87	1.05	41 025.46	1.16
中覆盖度草地	1 067.77	92 001.92	0.98	101 202.11	1.08
低覆盖度草地	35.70	233 610.75	0.08	256 971.82	0.09
总计		378 495.75	2.24	415 565.96	2.47

8.3.2　河流生态环境需水量

河流生态环境需水量中的基本生态环境需水量、输沙需水量、渗流需水量保持 2013 年的值不变,分别为 0.98 亿 m³、1.11 亿 m³、0.83 亿 m³,而河流水面蒸发生态需水量依据前面计算河流水面蒸发生态需水量计算方法,结合 2020 年和 2030 年水域变化面积进行计算。经计算,2020 年和 2030 年河流水面蒸发生态需水量分别为 0.73 亿 m³ 和 0.80 亿 m³,结果见表 8-3。

表 8-3　疏勒河流域中游绿洲区 2020 年和 2030 年水域蒸发需水量计算结果

水域类型	面积(hm²)		平均降水量(mm)	蒸发量(mm)	水面蒸发折算系数	蒸发需水量(亿 m³)	
	2020 年	2030 年				2020 年	2030 年
河渠	4 856.44	5 342.08				0.73	0.80
湖泊	468.33	515.17	63.79	2 704.87	0.59	0.07	0.08
水库	2 774.57	3 052.02				0.42	0.46
沼泽	17 554.95	21 065.95				2.64	3.17
合计	25 654.29	29 975.22				3.86	4.51

8.3.3　湿地生态环境需水量计算

依据前面湿地生态环境需水量计算方法,结合 2020 年和 2030 年湿地面积保护。经计算 2020 年和 2030 年疏勒河流域中游绿洲湿地生态环境需水量分别为 3.13 亿 m³ 和 3.71 亿 m³(见表 8-4)。

表 8-4　疏勒河流域中游绿洲区生态环境需水总量　　　　　　(单位:亿 m³)

生态需水类型		2020 年	2030 年
天然植被生态环境需水量		2.24	2.47
河流	基本生态环境需水量	0.98	0.98
	输沙生态环境需水量	1.11	1.11
	河道渗漏补给需水量	0.83	0.83
	水面蒸发生态环境需水量	0.73	0.80
湿地生态环境需水量		3.13	3.71
防治耕地盐碱化环境需水量		0.20	0.20

8.3.4　防治耕地盐碱化环境需水量计算

防治耕地盐碱化环境需水量保持不变,其值仍为现状 2013 年的 0.20 亿 m³。

8.3.5　不同保护目标下流域平原区生态环境需水总量

基于不同的生态环境保护目标,生态环境总需水量差异非常大。为进一步掌握疏勒河流域中游绿洲生态需水的变化范围,分别计算 2020 年、2030 年疏勒河中游绿洲生态环境需水的最大值、最小值及最适值。

最大生态环境需水量(情景 1):若生态环境保护目标包括保证疏勒河河道水沙平衡,即考虑输沙环境需水量,由表 8-4 可知,在保证输沙需水的前提下,河流基本生态环境需水量可以得到满足。因此,疏勒河流域平原区生态环境需水总量为:天然植被生态环境需水量 + 河流输沙生态环境需水量 + 河道渗漏补给需水量 + 河流水面蒸发生态环境需水量 + 湿地生态环境需水量 + 防治耕地盐碱化环境需水量。计算得到 2020 年、2030 年疏勒河流域平原区生态环境需水量最大值分别为 8.24 亿 m³ 和 9.12 亿 m³,见表 8-5。

表 8-5　不同保护目标生态环境需水量计算结果　　（单位:亿 m³）

项目	需水目标	需水组合	2020 年	2030 年
最大需水量	保障河道水沙平衡	天然植被生态环境需水量 + 河流输沙生态环境需水量 + 河道渗漏补给需水量 + 河流水面蒸发生态环境需水量 + 湿地生态环境需水量 + 防治耕地盐碱化环境需水量	8.24	9.12
最小需水量	保证天然生态系统需水要求	天然植被生态环境需水量 + 河流基本生态环境需水量 + 河道渗漏补给需水量 + 河流水面蒸发量 + 湿地生态环境需水量	7.91	8.79
最适需水量	保证天然生态系统需水量与防治耕地盐碱化需水要求	天然植被生态环境需水量 + 河流基本生态环境需水量 + 河道渗漏补给需水量 + 河流水面蒸发量 + 湿地生态环境需水量 + 防治耕地盐碱化环境需水量	8.11	8.99

最小生态环境需水量(情景 2):若生态环境保护目标是仅保证天然生态系统需水量(天然植被生态环境需水量与湿地环境需水量),则疏勒河流域平原区生态环境需水总量为:天然植被生态环境需水量 + 河流基本生态环境需水量 + 河道渗漏补给需水量 + 河流水面蒸发 + 湿地生态环境需水量。计算得到 2020 年、2030 年疏勒河流域平原区生态环境需水量最小值分别为 7.91 亿 m³ 和 8.79 亿 m³,见表 8-5。

最适生态环境需水量(情景 3):若生态环境保护目标为天然生态系统需水量与防治耕地盐碱化需水要求,则疏勒河流域平原区生态需水总量为:天然植被生态环境需水量 + 河流基本生态环境需水量 + 河道渗漏补给需水量 + 河流水面蒸发量 + 湿地生态环境需水量 + 防治耕地盐碱化环境需水量。计算得到 2020 年、2030 年疏勒河流域平原区生态环境需水量最适值分别为 8.11 亿 m³ 和 8.99 亿 m³,见表 8-5。

8.4　生态保护目标下疏勒河流域中游绿洲生态需水量时空分异特征

8.4.1　中游绿洲生态需水量时间变化特征

通过计算各月植被生态、河流基本生态、河流输沙、河道渗漏补给、河流水面蒸发、湿地生态以及防治耕地盐碱化环境需水量,累加得到 2013 年、保护目标 2020 年和 2030 年每个月的生态环境需水量,进而探讨疏勒河流域中游绿洲生态环境需水量年内变化趋势(见图 8-1)。从疏勒河流域中游绿洲生态环境需水量年内变化曲线可知,2013 年、2020 年和 2030 年疏勒河流域中游绿洲生态环境需水量年内变化趋势基本一致,均呈现为:11 月至翌年 2 月,生态环境需水量较小,且月间变化不大,最小值出现在 1 月,分别为 0.17 亿 m³、0.18 亿 m³ 和 0.19 亿 m³;2~7 月,生态环境需水量呈直线增长阶段,7 月到达曲线峰顶,分别为 1.41 亿 m³、1.53 亿 m³ 和 1.66 亿 m³,分别是最小月 1 月的 8.2 倍、8.5 倍和 8.7 倍;7~8 月,生态环境需水量开始减少,但幅度不大;8~11 月,生态环境需水量急剧下降,分别从 8 月的 1.24 亿 m³、1.35 亿 m³ 和 1.46 亿 m³,下降至 11 月的 0.29 亿 m³、0.31 亿 m³ 和 0.33 亿 m³,降幅分别为 4.3 倍、4.4 倍和 4.4 倍。总体而言,2013 年、2020 年和 2030 年,从 4~10 月期间累积生态环境需水量占全年总生态环境需水量的比例分别为 83.54%、83.81% 和 84.05%,而 5~8 月期间累计生态环境需水量占全年的比例分别为 58.01%、58.08% 和 58.13%,已超过全年的一半,说明疏勒河流域中游绿洲生态环境需水量主要集中在 5~8 月。

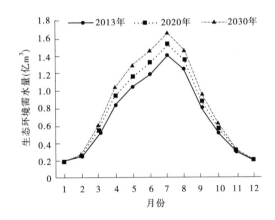

图 8-1　疏勒河流域中游绿洲生态环境需水量年内变化曲线

8.4.2　中游绿洲生态需水量空间变化特征

通过计算敦煌、玉门和瓜州 3 个区域植被生态、河流基本生态、河流输沙、河道渗漏补给、河流水面蒸发、湿地生态以及防治耕地盐碱化环境需水量,得到 2013 年、保护目标 2020 年和 2030 年不同区域的生态环境需水量,进而探讨疏勒河流域中游绿洲生态环境需水量空间变化特征(见表 8-6、图 8-2)。从表 8-6 和图 8-2 可知,2013 年、2020 年和 2030 年敦煌、玉门和瓜州生态环境需水量除天然植被和防治耕地盐碱化环境需水量外,其他呈现瓜州最大、玉门最小、敦煌介于二者之间的空间变化特征。2013 年敦煌、玉门和瓜州生态环境需水量分别为 2.88 亿 m³、1.20 亿 m³ 和 4.32 亿 m³,分别占总需水量 8.39 亿 m³ 的 34.2%、14.3% 和 51.5%;2020 年敦煌、玉门和瓜州生态环境需水量分别为 3.22 亿 m³、1.37 亿 m³ 和 4.65 亿 m³,分别占总需水量 9.23 亿 m³ 的 34.9%、14.8% 和 50.3%;2030 年敦煌、玉门和瓜州生态环境需水量分别为 3.68 亿 m³、1.50 亿 m³ 和 4.92 亿 m³,分别占总需水量 10.11 亿 m³ 的 36.4%、14.9% 和 48.7%。这说明疏勒河流域中游绿洲生态环境需水量瓜州所占比例相对较大,玉门相对最小,敦煌介于二者之间。

表 8-6　疏勒河流域中游绿洲区不同区域生态环境需水量　　　　（单位:亿 m³）

需水类型	2013 年			2020 年			2030 年		
	敦煌	玉门	瓜州	敦煌	玉门	瓜州	敦煌	玉门	瓜州
天然植被生态环境需水量	0.30	0.66	0.94	0.34	0.78	1.12	0.38	0.85	1.23
基本生态环境需水量	0.22	0.06	0.71	0.22	0.06	0.71	0.22	0.06	0.71
输沙环境需水量	0.24	0.07	0.80	0.24	0.07	0.80	0.24	0.07	0.80
河道渗漏补给需水量	0.18	0.05	0.60	0.18	0.05	0.60	0.18	0.05	0.60
水面蒸发生态环境需水量	0.15	0.04	0.49	0.16	0.04	0.53	0.18	0.05	0.57
湿地生态环境需水量	1.75	0.25	0.69	2.04	0.30	0.80	2.44	0.35	0.92
防治耕地盐碱化环境需水量	0.04	0.07	0.09	0.04	0.07	0.09	0.04	0.07	0.09
合计	2.88	1.20	4.32	3.22	1.37	4.65	3.68	1.50	4.92

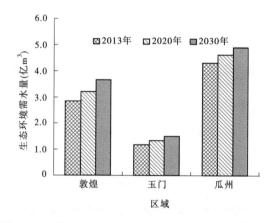

图 8-2　疏勒河流域中游绿洲不同区域生态环境需水量

第 9 章　基于生态需水的水资源配置方案研究

9.1　水资源配置目标与原则

9.1.1　水资源配置目标

水资源优化配置是指在流域或特定的区域范围内,遵循高效性、公平性和可持续性的原则,按照市场经济规律和水资源配置准则,通过工程与非工程措施并采用供需平衡分析,对多种可利用水源进行合理开发和配置,在各用水部门间进行调配,协调生活、生产、生态用水,达到抑制需求、保障供给、协调供需矛盾、有效保护生态环境、实现水资源规划与管理现代化的目的。

水资源量与质的联合配置主要是将流域水资源循环转化与人工用水的供、用、耗、排过程相适应并互为联系为一个整体,实现水量和水质的平衡,保障水资源对流域或区域经济社会发展,维护生态系统并逐步改善水的整体效应,实现区域之间、用水目标之间、用水部门之间对水量和水环境容量的合理分配。

水资源优化配置宏观目标要满足四个方面的要求:一是优先满足生活用水要求,为居民提供安全、清洁的饮用水,改善公共设施和生活环境,逐步提高生活质量;二是基本满足国民经济建设用水要求,保障经济快速、持续、健康发展;三是努力改善生态环境用水的要求,逐步增加生态环境用水,不断改善自然生态和美化生活环境,努力实现人与自然的和谐与协调;四是基本满足粮食生产对水的要求,改善农业生产条件,为粮食安全提供水利保障。通过对疏勒河流域中游绿洲水资源的合理配置,全面缓解流域中游绿洲区域内不同地区的水资源紧缺程度,达到水资源开发利用的良性循环,提高水资源的承载能力,从而实现流域水资源系统与社会经济系统、生态环境系统的协调与可持续发展。

水资源量与质联合优化配置选择的合理性直接影响水资源量与质联合优化配置的结果。按照可持续发展原则,区域水资源量与质联合优化配置目标应包括经济目标、生态环境保护目标和社会目标等三大目标。所谓经济目标,是指从节水的角度在区域内尽可能鼓励单位产值耗水量小的产业部门发展,抑制单位产值耗水量大的产业部门发展,同时又要兼顾区域产业部门结构的合理性和生产力布局的合理性,使得在发展过程中区域经济整体的单位产值耗水率下降,用水效益上升。因此,可以采用区域水资源用水效益作为衡量经济效益的正向目标。鉴于社会目标不易直接度量,而区域水资源所承载的 GDP 影响到区域社会发展。因此,可用区域水资源所产生的 GDP 作为衡量社会效益的正向目标。环境目标则由于以目前区域植被退化、湿地萎缩为主,故将植被、湿地保护与恢复,维持区域生态系统良性循环作为目标。

综上所述,基于生态需水的水资源优化配置的目标为:①经济目标:区域水资源利用效益最大;②生态环境目标:区域生态环境需水最小;③社会目标:区域水资源所产生的国内生产总值最大。这三大目标之间存在着竞争性和冲突性。当区域水资源所创造的经济效益增大时,必然会导致林草面积减少,废水排放量增多,相应地要扩大用于改善生态环境、处理废水和兴建水利工程的投资,从而又使投资在各行业的分配中产生冲突。为了缓解这种冲突,除了多方妥协外,只有继续增加 GDP 的总量,进而又形成新一轮竞争冲突。可见,一个目标值的增加往往以其他目标值的下降为代价,一个目标的变化总是通过各种直接或间接的约束条件影响其他各个目标的变化。正因为如此,在水资源量与质联合优化配置中相应就出现了希望越大越好的正向目标和希望越小越好的逆向目标,通过正向目标与逆向目标之间力量的相互消长与相互妥协,继而使区域目标冲突在竞争中趋于协调。

9.1.2　水资源优化配置原则

(1)坚持水资源开发利用与社会经济生态协调发展的原则。水资源开发利用要与社会经济生态发展的目标、规模、水平和速度相适应,并适当超前。社会经济生态发展要与水资源承载能力相适应,城市发展、生产力布局、产业结构调整以及生态环境建设都要充分考虑水资源条件。

(2)坚持全面规划和统筹兼顾的原则。坚持全面规划、统筹兼顾、标本兼治、综合治理、除害兴利结合,开源节流治污并重,防洪抗旱并举;妥善处理上下游、左右岸、干支流、城市与农村、开发与保护、建设与管理、近期与远期等各方面的关系。

(3)坚持水资源可持续利用的原则。统筹协调生活、生产和生态用水,对用水需求与供水可能进行合理安排;在重视水资源开发利用的同时,强化水资源的节约与保护,以提高用水效率为核心,把节约用水放在首位,积极防治水污染,实现水资源可持续利用。

(4)坚持因地制宜、突出重点的原则。根据疏勒河流域水资源状况和社会经济发展情况,确定适合当地实际的水资源开发利用模式;同时,要充分考虑需水的增长及地方财力状况,界定各类用水的优先次序,确定水资源开发、利用、配置、节约、保护、治理的重点。

(5)坚持基本用水优先的原则。水是人类生命的保障,必须保障人民生活的需求,即人民生活用水优先,保证粮食安全优先,在水生态恶劣的情况下生态水优先。

(6)坚持时空优先的原则。充分利用当地自产水资源主水,积极开发利用过境水、入境水;在水资源的开发利用中,充分开发利用地表水,科学开发浅层地下水,禁止采深层地下水。

(7)坚持效率与效益相结合的原则。在基本用水优先的原则下,水资源分配应充分考虑用水的合理性、用水的效率和用水效益,形成节约、保护、管理的良性循环。

9.2　供水保证率与水平年

9.2.1　供水保证率确定

疏勒河流域中游绿洲区供水主要依靠径流调节,因此采用年径流系列选择代表年。

同时,疏勒河流域现状农业灌溉用水量占总用水量的 80% 以上,因此采用平水年($P=$ 50%)和枯水年($P=75$%)分别进行分析计算。

9.2.2　水平年选取

根据项目执行期限,现状年取 2013 年。为实现与有关规划的衔接,取 2020 年、2030 年 2 个规划水平年。

9.3　需水预测

9.3.1　生产、生活需水量计算

依据《甘肃省水资源综合规划》,参照《甘肃省行业用水标准》及近年来甘肃省用水水平及其变化趋势,并结合《甘肃省水利发展"十二五"规划》,确定 2013 年、2020 年和 2030 年疏勒河流域城镇综合需水定额、农田灌溉综合用水净定额和非火电工业万元增加值用水定额。经分析计算,得出疏勒河流域中游绿洲区各水平年生产、生活需水量过程线(见表 9-1)。

9.3.2　生态环境需水量预测

人工生态需水主要包括城镇绿化需水、环境卫生需水和农村生态需水,根据流域规划及中游绿洲现状调查,确定相关需水定额,计算得到疏勒河流域中游绿洲 2013 年、2020 年和 2030 年人工生态需水量分别为 2 086.00 万 m^3、2 144.99 万 m^3 和 2 209.00 万 m^3,并计算出人工生态环境需水量过程线(见表 9-1)。

根据计算得到的疏勒河流域中游绿洲天然植被、河流生态、湿地生态和防治耕地盐碱化环境需水量结果,确定疏勒河流域中游绿洲天然生态环境需水量。由于河流生态和防治耕地盐碱化生态环境需水量与社会经济用水量有重复部分,因此疏勒河流域中游绿洲天然生态环境需水量仅考虑天然植被生态环境需水量和湿地生态环境需水量,计算得到疏勒河天然生态环境需水量为 4.60 亿 m^3,并计算出天然生态环境需水量过程(见表 9-2)。

9.4　可供水量分析

9.4.1　地表水可供水量

疏勒河流域水资源利用工程布局以保障区域经济社会发展的正常需水和有效遏制生态环境恶化趋势为基本目标。近期通过全面实施高效节水农业和灌区改造工程以及内陆河各流域生态保护和重点治理工程,充分挖掘区域内节水潜力,提高水资源利用效率,促进区域经济、生态协调可持续发展;远期通过实施必要的跨流域调水工程,增加区域供水能力,基本解决制约流域经济社会发展和生态环境恢复的资源型缺水问题。在充分考虑现有及规划蓄水工程、生态修复工程和其他工程条件下,不同水平年地表水可利用量见表 9-3。

表9-1 疏勒河流域中游绿洲区不同水平年各业需水过程

（单位：万 m³）

水平年	各业需水	1月	2月	3月	4月	5月	6月	7月	8月	9月	10月	11月	12月	合计
2013 年	农业需水	0	0	0	10 843.65	12 599.29	16 740.53	28 848.24	32 130.25	17 395.28	10 511.11	13 241.65	0	142 310.00
	工业需水	508.33	508.33	508.33	508.33	508.33	508.33	508.33	508.33	508.33	508.33	508.33	508.33	6 099.96
	生活需水	166.67	166.67	166.67	166.67	166.67	166.67	166.67	166.67	166.67	166.67	166.67	166.67	2 000.00
	人工生态需水	0	0	0	179.81	207.67	268.33	464.60	512.71	275.84	177.04	0	0	2 086.00
	需水量合计	675.00	675.00	675.00	11 698.46	13 481.95	17 683.86	29 987.84	33 317.96	18 346.12	11 363.15	13 916.65	675.00	152 495.99
2020 年	农业需水	0	0	0	9 978.05	11 593.54	15 404.21	26 545.43	29 565.41	16 006.69	9 672.05	12 184.62	0	130 950.00
	工业需水	1 025.00	1 025.00	1 025.00	1 025.00	1 025.00	1 025.00	1 025.00	1 025.00	1 025.00	1 025.00	1 025.00	1 025.00	12 300.00
	生活需水	208.33	208.33	208.33	208.33	208.33	208.33	208.33	208.33	208.33	208.33	208.33	208.33	2 499.96
	人工生态需水	0	0	0	184.89	213.54	275.92	477.74	527.21	283.64	182.05	0	0	2 144.99
	需水量合计	1 233.33	1 233.33	1 233.33	11 396.27	13 040.41	16 913.46	28 256.49	31 325.98	17 523.67	11 087.44	13 417.96	1 233.33	147 895.00
2030 年	农业需水	0	0	0	8 595.07	9 986.65	13 269.14	22 866.15	25 467.59	13 788.12	8 331.48	10 495.80	0	112 800.00
	工业需水	1 666.67	1 666.67	1 666.67	1 666.67	1 666.67	1 666.67	1 666.67	1 666.67	1 666.67	1 666.67	1 666.67	1 666.67	20 000.04
	生活需水	250.00	250.00	250.00	250.00	250.00	250.00	250.00	250.00	250.00	250.00	250.00	250.00	3 000.00
	人工生态需水	0	0	0	190.41	219.91	284.15	492.00	542.94	292.11	187.48	0	0	2 209.00
	需水量合计	1 916.67	1 916.67	1 916.67	10 702.14	12 123.22	15 469.96	25 274.81	27 927.20	15 996.90	10 435.63	12 412.47	1 916.67	138 009.01

表9-2 疏勒河流域中游绿洲区天然生态环境需水量过程

（单位：万 m³）

时间	1月	2月	3月	4月	5月	6月	7月	8月	9月	10月	11月	12月	全年
需水量	952.52	1 225.02	2 383.43	3 947.93	5 161.02	6 222.56	8 504.84	7 686.67	4 400.62	2 714.70	1 610.11	1 190.58	46 000.00

表 9-3　疏勒河流域中游绿洲区不同设计年供水过程

（单位：万 m³）

水平年	项目		1月	2月	3月	4月	5月	6月	7月	8月	9月	10月	11月	12月	年总水量
2013年	地表水	50%	3 774.52	4 015.44	5 189.96	6 474.90	6 886.49	10 013.51	21 833.98	23 515.44	9 541.70	5 109.65	4 999.23	3 945.17	105 299.99
		75%	3 548.69	3 775.20	4 879.45	6 087.52	6 474.47	9 414.41	20 527.67	22 108.54	8 970.83	4 803.95	4 700.13	3 709.14	99 000.00
	地下水		3 050.00	3 050.00	3 050.00	3 050.00	3 050.00	3 050.00	3 050.00	3 050.00	3 050.00	3 050.00	3 050.00	3 050.00	36 600.00
	其他		83.33	83.33	83.33	83.33	83.33	83.33	83.33	83.33	83.33	83.33	83.33	83.33	999.96
	总供水量	50%	6 907.85	7 148.78	8 323.29	9 608.24	10 019.82	13 146.85	24 967.31	26 648.78	12 675.03	8 242.99	8 132.56	7 078.51	142 900.01
		75%	6 682.02	6 908.54	8 012.78	9 220.85	9 607.81	12 547.75	23 661.00	25 241.87	12 104.16	7 937.28	7 833.46	6 842.47	136 599.99
2020年	地表水	50%	3 774.52	4 015.44	5 189.96	6 474.90	6 886.49	10 013.51	21 833.98	23 515.44	9 541.70	5 109.65	4 999.23	3 945.17	105 299.99
		75%	3 548.69	3 775.20	4 879.45	6 087.52	6 474.47	9 414.41	20 527.67	22 108.54	8 970.83	4 803.95	4 700.13	3 709.14	99 000.00
	地下水		3 050.00	3 050.00	3 050.00	3 050.00	3 050.00	3 050.00	3 050.00	3 050.00	3 050.00	3 050.00	3 050.00	3 050.00	36 600.00
	其他		133.33	133.33	133.33	133.33	133.33	133.33	133.33	133.33	133.33	133.33	133.33	133.33	1 599.96
	总供水量	50%	6 957.85	7 198.78	8 373.29	9 658.24	10 069.82	13 196.85	25 017.31	26 698.78	12 725.03	8 292.99	8 182.56	7 128.51	143 500.01
		75%	6 732.02	6 958.54	8 062.78	9 270.85	9 657.81	12 597.75	23 711.00	25 291.87	12 154.16	7 987.28	7 883.46	6 892.47	137 199.99
2030年	地表水	50%	3 774.52	4 015.44	5 189.96	6 474.90	6 886.49	10 013.51	21 833.98	23 515.44	9 541.70	5 109.65	4 999.23	3 945.17	105 299.99
		75%	3 548.69	3 775.20	4 879.45	6 087.52	6 474.47	9 414.41	20 527.67	22 108.54	8 970.83	4 803.95	4 700.13	3 709.14	99 000.00
	地下水		3 050.00	3 050.00	3 050.00	3 050.00	3 050.00	3 050.00	3 050.00	3 050.00	3 050.00	3 050.00	3 050.00	3 050.00	36 600.00
	其他		208.33	208.33	208.33	208.33	208.33	208.33	208.33	208.33	208.33	208.33	208.33	208.33	2 499.96
	总供水量	50%	7 032.85	7 273.78	8 448.29	9 733.24	10 144.82	13 271.85	25 092.31	26 773.78	12 800.03	8 367.99	8 257.56	7 203.51	144 400.01
		75%	6 807.02	7 033.54	8 137.78	9 345.85	9 732.81	12 672.75	23 786.00	25 366.87	12 229.16	8 062.28	7 958.46	6 967.47	138 099.99

9.4.2　地下水可开采量

现状疏勒河流域浅层地下水开采利用程度较高。根据《甘肃省水资源综合规划》成果,结合地下水水位多年动态观测资料和年开采量资料,采用实际开采量调查法,确定流域中游绿洲区浅层地下水可开采量。疏勒河流域地下水资源可开采量见表9-3。

9.4.3　其他水资源可利用量

疏勒河流域其他供水工程主要指污水处理工程。按发展节水型社会要求,积极推进污水处理及污水处理回用工程建设。在各水平年规划中,2013 年、2020 年和 2030 年流域城镇生活和工业废污水收集处理率分别达到排污量的 70%、80% 和 90%;一般城市回用率在 2020 年、2030 年分别达到 30%、40%,重点城市分别达到 40%、50%。

9.4.4　总可供水量

基于上述分析,计算不同水平年不同来水保证率下增加的供水量。疏勒河流域设计平水年($P = 50\%$)年来水量为 10.53 亿 m³,设计枯水年($P = 75\%$)年来水量为 9.90 亿 m³,得出设计年年内水量分配过程(见表9-3)。另外,疏勒河流域平原区可供水量还包括地下水开采量、其他水源(见表9-3)。通过计算,2013 年,当 $P = 50\%$ 时,总供水量为 14.29亿 m³,当 $P = 75\%$ 时,总供水量为 13.66 亿 m³;2020 年,当 $P = 50\%$ 时,总供水量为 14.35 亿 m³,当 $P = 75\%$ 时,总供水量为 13.72 亿 m³;2030 年,当 $P = 50\%$ 时,总供水量为 14.44×10^4 m³,当 $P = 75\%$ 时,总供水量为 13.81 亿 m³。

9.5　疏勒河流域中游绿洲区水资源配置结果

9.5.1　现状年水资源配置

在 $P = 50\%$ 的供水情况下,现状年疏勒河流域中游绿洲经济社会总配置水量为 14.29亿 m³,农业、工业、生活、人工生态和天然生态环境水量分别为 11.841 4 亿 m³、0.61亿 m³、0.20 亿 m³、0.208 6 亿 m³ 和 1.43 亿 m³,占总配置水量的比例分别为 82.86%、4.27%、1.40%、1.46% 和 10.01%。现状年疏勒河流域中游绿洲各行业水量配置表见表9-4,不同用水行业水资源配置情况见图9-1(a)。

在 $P = 75\%$ 的供水情况下,现状年疏勒河流域中游绿洲经济社会总配置水量为 13.66亿 m³,农业、工业、生活、人工生态和天然生态环境水量分别为 11.21 亿 m³、0.61 亿 m³、0.20 亿 m³、0.208 6 亿 m³ 和 1.43 亿 m³,占总配置水量的比例分别为 82.07%、4.47%、1.46%、1.53% 和 10.47%。现状年疏勒河流域中游绿洲各行业水量配置表见表9-4,不同用水行业水资源配置情况见图9-1(b)。

表 9-4　疏勒河流域中游绿洲区现状年各行业水量配置表

（单位：万 m³）

频率	分项		1 月	2 月	3 月	4 月	5 月	6 月	7 月	8 月	9 月	10 月	11 月	12 月	全年
50%	需水量		1 627.52	1 900.02	3 058.43	13 360.46	15 986.95	20 377.40	32 411.26	34 231.34	19 079.69	11 862.04	12 735.32	1 865.58	168 496.01
	供水量		971.11	1 055.82	1 415.94	11 104.94	12 970.75	16 807.28	27 787.68	30 312.36	16 793.21	10 442.10	12 193.71	1 045.11	142 900.00
	水量配置	农业	0	0	0	9 022.84	10 483.68	13 929.54	24 004.18	26 735.10	14 474.35	8 746.14	11 018.17	0	118 414.00
		工业	508.33	508.33	508.33	508.33	508.33	508.33	508.33	508.33	508.33	508.33	508.33	508.33	6 099.96
		生活	166.67	166.67	166.67	166.67	166.67	166.67	166.67	166.67	166.67	166.67	166.67	166.67	2 000.04
		人工生态	0	0	0	179.81	207.67	268.33	464.60	512.71	275.84	177.04	0	0	2 086.00
		天然生态	296.11	380.82	740.94	1 227.29	1 604.40	1 934.41	2 643.90	2 389.55	1 368.02	843.92	500.53	370.11	14 300.00
		小计	971.11	1 055.82	1 415.94	11 104.94	12 970.75	16 807.28	27 787.68	30 312.36	16 793.21	10 442.10	12 193.71	1 045.11	142 900.01
75%	需水量		1 627.52	1 900.02	3 058.43	13 360.46	15 986.95	20 377.40	32 411.26	34 231.34	19 079.69	11 862.04	12 735.32	1 865.58	168 496.01
	供水量		971.11	1 055.82	1 415.94	10 624.89	12 412.98	16 066.18	26 510.59	28 889.97	16 023.13	9 976.77	11 607.51	1 045.11	136 600.00
	水量配置	农业	0	0	0	8 542.79	9 925.91	13 188.45	22 727.09	25 312.71	13 704.27	8 280.81	10 431.97	0	112 114.00
		工业	508.33	508.33	508.33	508.33	508.33	508.33	508.33	508.33	508.33	508.33	508.33	508.33	6 099.96
		生活	166.67	166.67	166.67	166.67	166.67	166.67	166.67	166.67	166.67	166.67	166.67	166.67	2 000.04
		人工生态	0	0	0	179.81	207.67	268.33	464.60	512.71	275.84	177.04	0	0	2 086.00
		天然生态	296.11	380.82	740.94	1 227.29	1 604.40	1 934.41	2 643.90	2 389.55	1 368.02	843.92	500.53	370.11	14 300.00
		小计	971.11	1 055.82	1 415.94	10 624.89	12 412.98	16 066.18	26 510.59	28 889.97	16 023.13	9 976.77	11 607.51	1 045.11	136 600.00

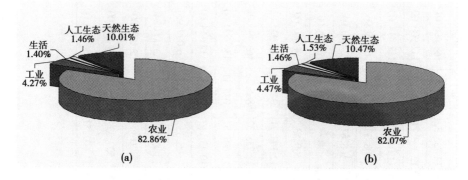

图9-1　现状年不同用水行业水资源配置情况

9.5.2　规划年水资源配置

9.5.2.1　2020年水资源配置

在 $P=50\%$ 的供水情况下,2020 年疏勒河流域中游绿洲经济社会总配置水量为14.35 亿 m^3,农业、工业、生活、人工生态和天然生态环境水量分别为 9.02 亿 m^3、1.03 亿 m^3、0.25 亿 m^3、0.214 5 亿 m^3 和 3.84 亿 m^3,占总配置水量的比例分别为62.83%、7.18%、1.74%、1.49% 和 26.76%。2020 年疏勒河流域中游绿洲各行业水量配置见表9-5,不同用水行业水资源配置情况见图 9-2(a)。

在 $P=75\%$ 的供水情况下,2020 年疏勒河流域中游绿洲经济社会总配置水量为13.72 亿 m^3,农业、工业、生活、人工生态和天然生态环境水量分别为 8.385 5 亿 m^3、1.03 亿 m^3、0.25亿 m^3、0.214 5 亿 m^3 和 3.84 亿 m^3,占总配置水量的比例分别为 61.12%、7.51%、1.82%、1.56% 和 27.99%。2020 年疏勒河流域中游绿洲各行业水量配置见表9-5,不同用水行业水资源配置情况见图 9-2(b)。

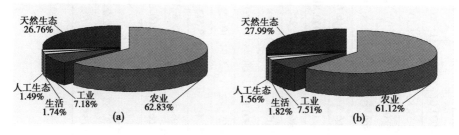

图9-2　2020 年不同用水行业水资源配置情况

9.5.2.2　2030 年水资源配置

在 $P=50\%$ 的供水情况下,2030 年疏勒河流域中游绿洲经济社会总配置水量为14.44 亿 m^3,农业、工业、生活、人工生态和天然生态环境水量分别为 7.519 1 亿 m^3、1.80 亿 m^3、0.3 亿 m^3、0.220 9 亿 m^3 和 4.6 亿 m^3,占总配置水量的比例分别为 52.07%、12.46%、2.08%、1.53% 和 31.86%。2030 年疏勒河流域中游绿洲各行业水量配置表见表 9-6,不同用水行业水资源配置情况见图 9-3(a)。

表 9-5 疏勒河流域中游绿洲区 2020 年各行业水量配置表

（单位：万 m³）

频率		分项	1月	2月	3月	4月	5月	6月	7月	8月	9月	10月	11月	12月	全年
50%		需水量	2 019.19	2 291.69	3 450.09	12 891.61	15 378.74	19 440.33	30 513.24	32 072.68	18 090.56	11 419.65	12 069.96	2 257.25	161 894.99
		供水量	1 861.82	2 089.29	3 056.31	11 416.80	13 570.33	17 142.39	26 919.79	28 365.46	16 043.98	10 173.81	10 799.49	2 060.54	143 500.01
	水量配置	农业	0	0	0	6 869.58	7 981.79	10 605.32	18 275.69	20 354.88	11 020.11	6 658.91	8 388.73	0	90 155.01
		工业	858.33	858.33	858.33	858.33	858.33	858.33	858.33	858.33	858.33	858.33	858.33	858.33	10 299.96
		生活	208.33	208.33	208.33	208.33	208.33	208.33	208.33	208.33	208.33	208.33	208.33	208.33	2 499.96
		人工生态	0	0	0	184.89	213.54	275.92	477.74	527.21	283.64	182.05	0	0	2 144.99
		天然生态	795.15	1 022.63	1 989.64	3 295.66	4 308.33	5 194.49	7 099.69	6 416.70	3 673.56	2 266.19	1 344.09	993.88	38 400.01
		小计	1 861.82	2 089.29	3 056.31	11 416.80	13 570.33	17 142.39	26 919.79	28 365.46	16 043.98	10 173.81	10 799.49	2 060.54	143 500.01
75%		需水量	2 019.19	2 291.69	3 450.09	12 891.61	15 378.74	19 440.33	30 513.24	32 072.68	18 090.56	11 419.65	12 069.96	2 257.25	161 894.99
		供水量	1 861.82	2 089.29	3 056.31	10 936.31	13 012.56	16 401.30	25 642.69	26 943.06	15 273.89	9 708.49	10 213.29	2 060.54	137 199.99
	水量配置	农业	0	0	0	6 389.53	7 424.03	9 864.22	16 998.59	18 932.49	10 250.03	6 193.59	7 802.53	0	83 855.01
		工业	858.33	858.33	858.33	858.33	858.33	858.33	858.33	858.33	858.33	858.33	858.33	858.33	10 299.96
		生活	208.33	208.33	208.33	208.33	208.33	208.33	208.33	208.33	208.33	208.33	208.33	208.33	2 499.96
		人工生态	0	0	0	184.89	213.54	275.92	477.74	527.21	283.64	182.05	0	0	2 144.99
		天然生态	795.15	1 022.63	1 989.64	3 295.66	4 308.33	5 194.49	7 099.69	6 416.70	3 673.56	2 266.19	1 344.09	993.88	38 400.01
		小计	1 861.82	2 089.29	3 056.31	10 936.31	13 012.56	16 401.30	25 642.69	26 943.06	15 273.89	9 708.49	10 213.29	2 060.54	137 199.99

表 9-6　疏勒河流域中游绿洲区 2030 年各行业水量配置表

（单位：万 m³）

频率	分项		1月	2月	3月	4月	5月	6月	7月	8月	9月	10月	11月	12月	全年
50%	需水量		2 702.52	2 975.02	4 133.43	12 197.48	14 461.55	17 996.83	27 531.57	28 673.91	16 563.79	10 767.85	11 064.47	2 940.58	152 009.00
	供水量		2 702.52	2 975.02	4 133.43	11 617.70	13 787.90	17 101.75	25 989.11	26 955.97	15 633.71	10 205.84	10 356.47	2 940.58	144 400.00
	水量配置	农业	0	0	0	5 729.36	6 656.97	8 845.04	15 242.27	16 976.36	9 190.98	5 553.66	6 996.36	0	75 191.00
		工业	1 500.00	1 500.00	1 500.00	1 500.00	1 500.00	1 500.00	1 500.00	1 500.00	1 500.00	1 500.00	1 500.00	1 500.00	18 000.00
		生活	250.00	250.00	250.00	250.00	250.00	250.00	250.00	250.00	250.00	250.00	250.00	250.00	3 000.00
		人工生态	0	0	0	190.41	219.91	284.15	492.00	542.94	292.11	187.48	0	0	2 209.00
		天然生态	952.52	1 225.02	2 383.43	3 947.93	5 161.02	6 222.56	8 504.84	7 686.67	4 400.62	2 714.7	1 610.11	1 190.58	46 000.00
		小计	2 702.52	2 975.02	4 133.43	11 617.70	13 787.90	17 101.75	25 989.11	26 955.97	15 633.71	10 205.84	10 356.47	2 940.58	144 400.00
75%	需水量		2 702.52	2 975.02	4 133.43	12 197.48	14 461.55	17 996.83	27 531.57	28 673.91	16 563.79	10 767.85	11 064.47	2 940.58	152 009.00
	供水量		2 702.52	2 975.02	4 133.43	11 137.65	13 230.13	16 360.65	24 712.01	25 533.58	14 863.63	9 740.51	9 770.27	2 940.58	138 099.98
	水量配置	农业	0	0	0	5 249.31	6 099.20	8 103.94	13 965.18	15 553.97	8 420.90	5 088.34	6 410.16	0	68 891.00
		工业	1 500.00	1 500.00	1 500.00	1 500.00	1 500.00	1 500.00	1 500.00	1 500.00	1 500.00	1 500.00	1 500.00	1 500.00	18 000.00
		生活	250.00	250.00	250.00	250.00	250.00	250.00	250.00	250.00	250.00	250.00	250.00	250.00	3 000.00
		人工生态	0	0	0	190.41	219.91	284.15	492.00	542.94	292.11	187.48	0	0	2 209.00
		天然生态	952.52	1 225.02	2 383.43	3 947.93	5 161.02	6 222.56	8 504.84	7 686.67	4 400.62	2 714.7	1 610.11	1 190.58	46 000.00
		小计	2 702.52	2 975.02	4 133.43	11 137.65	13 230.13	16 360.65	24 712.01	25 533.58	14 863.63	9 740.51	9 770.27	2 940.58	138 099.98

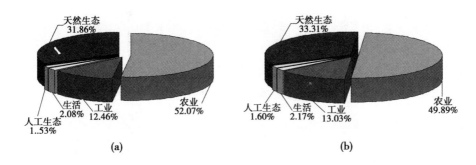

图9-3 2030年不同用水行业水资源配置情况

在 $P=75\%$ 的供水情况下,2030年疏勒河流域中游绿洲经济社会总配置水量为13.81亿 m^3,农业、工业、生活、人工生态和天然生态环境水量分别为 6.889 1 亿 m^3、1.8 亿 m^3、0.3 亿 m^3、0.220 9 亿 m^3 和 4.6 亿 m^3,占总配置水量的比例分别为 49.89%、13.03%、2.17%、1.60% 和 33.31%。2030年疏勒河流域中游绿洲各行业水量配置见表9-6,不同用水行业水资源配置情况见图9-3(b)。

9.6 疏勒河流域中游绿洲区水资源供需平衡分析

根据上述不同行业年需水量以及不同设计年供水量来分别计算现状年与规划年下全年各个时期的水量平衡情况。疏勒河流域中游绿洲水资源供需平衡分析见表9-7和表9-8。从水资源供需平衡总体情况可看出,基于生态环境需水量时,在两种频率($P=50\%$、$P=75\%$)来水情况下,均有不同程度缺水。

9.6.1 现状年水资源供需平衡分析

当 $P=50\%$ 时,总需水量 16.849 6 亿 m^3,总供水量 14.29 亿 m^3,缺水量 2.559 6 亿 m^3,缺水率15.19%;当 $P=75\%$ 时,总需水量 16.849 6 亿 m^3,总供水量 13.66 亿 m^3,缺水量 3.189 6 亿 m^3,缺水率18.93%。

9.6.2 规划年水资源供需平衡分析

9.6.2.1 2020年水资源供需平衡分析

当 $P=50\%$ 时,总需水量 16.189 5 亿 m^3,总供水量 14.35 亿 m^3,缺水量 1.839 5 亿 m^3,缺水率11.36%;当 $P=75\%$ 时,总需水量 16.189 5 亿 m^3,总供水量 13.72 亿 m^3,缺水量 2.469 5 亿 m^3,缺水率15.25%。

9.6.2.2 2030年水资源供需平衡分析

当 $P=50\%$ 时,总需水量 15.200 9 亿 m^3,总供水量 14.44 亿 m^3,缺水量 0.760 9 亿 m^3,缺水率5.01%;当 $P=75\%$ 时,总需水量 15.200 9 亿 m^3,总供水量 13.72 亿 m^3,缺水量 1.390 9 亿 m^3,缺水率9.15%。

表9-7　疏勒河流域中游绿洲区水资源供需平衡计算表（$P=50\%$）

（单位：万 m³）

水平年	分项		1月	2月	3月	4月	5月	6月	7月	8月	9月	10月	11月	12月	全年
2013年	供水量	地表水	3 774.52	4 015.44	5 189.96	6 474.90	6 886.49	10 013.51	21 833.98	23 515.44	9 541.70	5 109.65	4 999.23	3 945.17	105 299.99
		地下水	3 050.00	3 050.00	3 050.00	3 050.00	3 050.00	3 050.00	3 050.00	3 050.00	3 050.00	3 050.00	3 050.00	3 050.00	36 600.00
		其他	83.33	83.33	83.33	83.33	83.33	83.33	83.33	83.33	83.33	83.33	83.33	83.33	999.96
		小计	6 907.85	7 148.78	8 323.29	9 608.24	10 019.82	13 146.85	24 967.31	26 648.78	12 675.03	8 242.99	8 132.56	7 078.51	142 900.01
	需水量		1 627.52	1 900.02	3 058.43	13 360.46	15 986.95	20 377.40	32 411.26	34 231.34	19 079.69	11 862.04	12 735.32	1 865.58	168 496.01
	余缺量		5 280.33	5 248.76	5 264.87	-3 752.23	-5 967.13	-7 230.55	-7 443.95	-7 582.56	-6 404.65	-3 619.05	-4 602.76	5 212.93	-25 595.99
	缺水率(%)					28.08	37.33	35.48	22.97	22.15	33.57	30.51	36.14		15.19
2020年	供水量	地表水	3 774.52	4 015.44	5 189.96	6 474.90	6 886.49	10 013.51	21 833.98	23 515.44	9 541.70	5 109.65	4 999.23	3 945.17	105 299.99
		地下水	3 050.00	3 050.00	3 050.00	3 050.00	3 050.00	3 050.00	3 050.00	3 050.00	3 050.00	3 050.00	3 050.00	3 050.00	36 600.00
		其他	133.33	133.33	133.33	133.33	133.33	133.33	133.33	133.33	133.33	133.33	133.33	133.33	1 599.96
		小计	6 957.85	7 198.78	8 373.29	9 658.24	10 069.82	13 196.85	25 017.31	26 698.78	12 725.03	8 292.99	8 182.56	7 128.51	143 500.01
	需水量		2 019.19	2 291.69	3 450.09	12 891.61	15 378.74	19 440.33	30 513.24	32 072.68	18 090.56	11 419.65	12 069.96	2 257.25	161 894.99
	余缺量		4 938.66	4 907.09	4 923.20	-3 233.38	-5 308.92	-6 243.48	-5 495.93	-5 373.91	-5 365.53	-3 126.67	-3 887.40	4 871.26	-18 395.01
	缺水率(%)					25.08	34.52	32.12	18.01	16.76	29.66	27.38	32.21		11.36
2030年	供水量	地表水	3 774.52	4 015.44	5 189.96	6 474.90	6 886.49	10 013.51	21 833.98	23 515.44	9 541.70	5 109.65	4 999.23	3 945.17	105 299.99
		地下水	3 050.00	3 050.00	3 050.00	3 050.00	3 050.00	3 050.00	3 050.00	3 050.00	3 050.00	3 050.00	3 050.00	3 050.00	36 600.00
		其他	208.33	208.33	208.33	208.33	208.33	208.33	208.33	208.33	208.33	208.33	208.33	208.33	2 499.96
		小计	7 032.85	7 273.78	8 448.29	9 733.24	10 144.82	13 271.85	25 092.31	26 773.78	12 800.03	8 367.99	8 257.56	7 203.51	144 400.01
	需水量		2 702.52	2 975.02	4 133.43	12 197.48	14 461.55	17 996.83	27 531.57	28 673.91	16 563.79	10 767.85	11 064.47	2 940.58	152 009.00
	余缺量		4 330.33	4 298.76	4 314.87	-2 464.24	-4 316.73	-4 724.99	-2 439.26	-1 900.13	-3 763.76	-2 399.86	-2 806.91	4 262.93	-7 608.99
	缺水率(%)					20.20	29.85	26.25	8.86	6.63	22.72	22.29	25.37		5.01

表9-8 疏勒河流域中游绿洲区水资源供需平衡计算表（P=75%）

（单位：万 m³）

水平年	分项		1月	2月	3月	4月	5月	6月	7月	8月	9月	10月	11月	12月	全年
2013年	供水量	地表水	3 548.69	3 775.20	4 879.45	6 087.52	6 474.47	9 414.41	20 527.67	22 108.54	8 970.83	4 803.95	4 700.13	3 709.14	99 000.00
		地下水	3 050.00	3 050.00	3 050.00	3 050.00	3 050.00	3 050.00	3 050.00	3 050.00	3 050.00	3 050.00	3 050.00	3 050.00	36 600.00
		其他	83.33	83.33	83.33	83.33	83.33	83.33	83.33	83.33	83.33	83.33	83.33	83.33	999.96
		小计	6 682.02	6 908.54	8 012.78	9 220.85	9 607.81	12 547.75	23 661.00	25 241.87	12 104.16	7 937.28	7 833.46	6 842.47	136 599.99
	需水量		1 627.52	1 900.02	3 058.43	13 360.46	15 986.95	20 377.40	32 411.26	34 231.34	19 079.69	11 862.04	12 735.32	1 865.58	168 496.01
	余缺量		5 054.50	5 008.52	4 954.36	-4 139.61	-6 379.14	-7 829.65	-8 750.26	-8 989.47	-6 975.52	-3 924.76	-4 901.86	4 976.89	-31 896.00
	缺水率					30.98	39.90	38.42	27.00	26.26	36.56	33.09	38.49		18.93
2020年	供水量	地表水	3 548.69	3 775.20	4 879.45	6 087.52	6 474.47	9 414.41	20 527.67	22 108.54	8 970.83	4 803.95	4 700.13	3 709.14	99 000.00
		地下水	3 050.00	3 050.00	3 050.00	3 050.00	3 050.00	3 050.00	3 050.00	3 050.00	3 050.00	3 050.00	3 050.00	3 050.00	36 600.00
		其他	133.33	133.33	133.33	133.33	133.33	133.33	133.33	133.33	133.33	133.33	133.33	133.33	1 599.96
		小计	6 732.02	6 958.54	8 062.78	9 270.85	9 657.81	12 597.75	23 711.00	25 291.87	12 154.16	7 987.28	7 883.46	6 892.47	137 199.99
	需水量		2 019.19	2 291.69	3 450.09	12 891.61	15 378.74	19 440.33	30 513.24	32 072.68	18 090.56	11 419.65	12 069.96	2 257.25	161 894.99
	余缺量		4 712.84	4 666.85	4 612.69	-3 620.76	-5 720.94	-6 842.58	-6 802.23	-6 780.81	-5 936.40	-3 432.37	-4 186.50	4 635.22	-24 694.99
	缺水率					28.09	37.20	35.20	22.29	21.14	32.81	30.06	34.69		15.25
2030年	供水量	地表水	3 548.69	3 775.20	4 879.45	6 087.52	6 474.47	9 414.41	20 527.67	22 108.54	8 970.83	4 803.95	4 700.13	3 709.14	99 000.00
		地下水	3 050.00	3 050.00	3 050.00	3 050.00	3 050.00	3 050.00	3 050.00	3 050.00	3 050.00	3 050.00	3 050.00	3 050.00	36 600.00
		其他	208.33	208.33	208.33	208.33	208.33	208.33	208.33	208.33	208.33	208.33	208.33	208.33	2 499.96
		小计	6 807.02	7 033.54	8 137.78	9 345.85	9 732.81	12 672.75	23 786.00	25 366.87	12 229.16	8 062.28	7 958.46	6 967.47	138 099.99
	需水量		2 702.52	2 975.02	4 133.43	12 197.48	14 461.55	17 996.83	27 531.57	28 673.91	16 563.79	10 767.85	11 064.47	2 940.58	152 009.00
	余缺量		4 104.50	4 058.52	4 004.36	-2 851.63	-4 728.75	-5 324.09	-3 745.56	-3 307.03	-4 334.63	-2 705.57	-3 106.01	4 026.89	-13 909.00
	缺水率					23.38	32.70	29.58	13.60	11.53	26.17	25.13	28.07		9.15

第10章　基于生态需水的水资源保障技术研究

10.1　基于生态需水的疏勒河流域中游绿洲水资源保障技术体系构建

10.1.1　疏勒河流域中游绿洲水资源保障技术体系构建的基本理念

在不同的历史发展阶段,人类保障水资源的理念也不尽相同。人类在追求水资源保障方面经历了采猎文明时期的被动不适与剧烈冲突、农耕文明时期的主动利用与自然和谐、工业文明时期的试图征服与极度紧张、现代文明时期的综合管理和主动和谐的四个阶段。不同时期人们对水资源利用的认识不同,导致人们对水资源合理配置保障技术的认识理念不同。本章基于现代水资源管理理念,面对水资源短缺、水环境恶化、水灾害加剧的现实,寻求在一定程度上合理满足经济社会发展对水资源的需求,同时力求在一定时期内重构水资源的可持续利用状态,即修复生态环境的可持续发展,以满足绿洲水资源的可持续利用和经济社会的可持续发展。

10.1.1.1　全面体现以人为本,坚持全面协调可持续的科学发展观

发展是人类的永恒主题,然而近代发达国家发展道路的主要特征是以工业化谋取国民生产总值迅速增长为主要目标。人们在辉煌文明的同时,对发展内涵的理解也步入了误区,一味滥用赖以支撑经济发展的自然资源和生态环境,使得人类面临资源过度消耗、生态急剧退化、环境日益恶化、社会福利水平不断下降等严峻现实,人类不得不重新审视自己的社会经济行为,寻求一条既能保证经济增长和社会发展,又能维护生态良性循环的全新发展道路。可持续发展的思想迅速被世界各国普遍接受和认同,进而成为全球促进经济发展的动力和追求文明的目标。

可持续发展不否定经济的增长,而是强调需要提高增长的质量。可持续发展是必须通过经济增长提高当代人福利水平,增强国家实力和社会财富。可持续发展要求重新审视如何实现经济增长。发展的标志是资源的永续利用和良好的生态环境,发展虽然以自然资源为基础,但经济和社会发展不能超越资源和环境的承载能力,必须同生态环境相协调。发展的目标是谋求社会的全面进步,发展不仅仅是经济问题,单纯追求产值的经济增长不能体现发展的内涵。在人类可持续发展系统中,经济发展是基础,自然生态保护是保障,社会进步才是目的。水资源可持续利用是可持续发展对水资源开发利用的具体要求,

社会经济的可持续发展必须以水资源的可持续利用来支撑。而水资源困境的摆脱必须依靠经济社会可持续发展观的全面树立,依赖于以人为本的思想内涵更新。水资源保障体系的建立必须坚持真正的以人为本思想,建立可持续的发展观。

10.1.1.2　健全水资源保障体系与其他安全体系的有机结合

国家综合安全体系包括经济安全、军事安全、政治安全、社会安全、环境安全等,其中每项安全又由一些下一层的安全组成。在国家综合安全体系中,经济安全是目的,内容也最为丰富,其中我们将水安全、环境安全、经济安全、社会安全对等起来研究,指的是狭义的经济安全。

水资源保障体系从安全的角度出发,着眼于水资源对这些系统的保障和约束,最低目标是经济、社会、环境不因水资源而引起损失或危机;较高目标是经济、社会、环境通过水资源的配置管理能得到一定的发展;最高目标是经济、社会、环境和水资源高度协调,互相促进。建立水资源保障体系的标准不是越高越好,需要与经济、社会的发展程度和发展要求相适应,需要和生态环境状况和改善目标相协调,另外,经济、社会的发展和生态环境的改善必须考虑水资源条件和洪水影响。

随着全球经济一体化进程的加快,水资源与社会安全、经济安全、生态安全的研究已上升到全球共同行为的高度。所以,水资源保障体系需要和国家综合安全体系中的其他安全系统紧密配合,与其他安全体系相匹配,各个安全系统间尽量共用资源,共享信息,提高国家的综合安全体系的整体质量。在构建水资源保障体系的时候,紧紧围绕其他安全体系特别是社会安全、经济安全、环境安全的要求,同时也充分注意到这些系统的现状,所以水资源保障体系的构建从思想上和实施上要考虑其他安全体系的配合。

10.1.1.3　重视工程措施和非工程措施相结合,强化非工程体系的建设

水资源工程是实现水资源科学管理的物质基础,对其管理的好坏,会直接影响到水资源的合理利用。因此,将工程体系和非工程体系有机结合起来,建好、管好水资源工程,对实现水资源的统一调配、科学利用十分重要。随着生产技术的发展和生产力发展的需要,人类修建了局部和单一的水工程、防御工程,甚至改造局部环境、保障重要地区和重要目标,整体规划建设取水、防御洪水的大坝、引水渠道、取水设施等一系列的工程体系,发展了兼顾防洪、发电、航运、养殖、灌溉甚至改善生态的工程体系,并形成了与之相适应的勘测、规划、设计、施工、运行、维护、管理、科研等各项系统。为了充分发挥这些工程体系的作用,又逐步建立了降雨预测、产汇流预报、防洪避险应急措施等非工程系统,当然也配之以相应的政策、法规和行政管理手段等一系列非工程手段。

水资源工程体系和非工程体系的结合点在于建立水资源保障体系,在水资源保障体系的平台上整合工程体系和非工程体系,做到相互配合、相互补充。在工程体系施工前需要严密充分的经济、环境、社会等论证,一些工程体系不能完成或不能很好完成的功能应该由非工程体系来完成,如分配的公平性。非工程体系应当渗透到工程体系的每一个角落,手段是以工程体系为基础建立完善的社会保障、行政管理、法规政策、资金保障、科教宣传等体系。

10.1.2　疏勒河流域中游绿洲水资源保障技术体系构建原理

为使水资源保障体系能兼顾现状和未来发展,需要全方位地构建水资源安全保障体系。水安全的一个基本特点就是与危机共存,既在一定程度上满足经济社会发展对水资源的需求,也在一定程度上考虑生态经济维持和保护水资源的需求,通过多学科和多部门的协同作用,求得系统长期和整体效益的最优。水安全的本质要求是对水资源进行风险管理,不仅满足社会对水资源的需求,还应严格控制发展以限制对水资源的需求,充分考虑生态环境对水资源的需求等。

当前条件下,必须实行有风险的发展和管理模式,水资源保障体系的构建就是为了追求适度安全、避免人为风险、认识自然风险、控制投机风险、预防和转化纯粹风险、提高风险抵御能力、增强危机处理能力和应急能力。

10.1.2.1　追求适度安全

可持续发展是城市的最终目标,而水资源的任务是保障可持续发展。但是,水资源短缺、水环境恶化以及水灾害风险加大的现实与水资源可持续利用的要求相矛盾。水资源保障体系的建设追求适度的安全,在一定程度上满足经济社会发展对水资源的需求,同时也在一定程度上注意生态环境保护和恢复的长远需求,力求在一定的时间内达到可持续发展的要求。

在区域经济社会发展中,不能一味追求经济发展速度,更应该追求发展的质量,更多地发展低耗水的产业,注重产业结构合理调整使之与水资源相匹配,努力将节水渗透到生产的每个环节,并使得节水有利可图。产业结构的调整和节水产业的建设需要行政管理体系宏观调控,需要社会保障体系维护,需要法规政策体系保障,需要资金保障体系支持。节水技术的推广还需要科教宣传体系的推动。

在生态环境保护和恢复中,同样不能一味追求生态环境的最快好转,应该追求这种转变的可持续性;同样需要行政管理体系的引导、政策法规体系的保障、资金保障体系的支持和科教宣传体系的推动。

10.1.2.2　避免人为风险、认识自然风险

风险有不同的分类方法,按照风险来源或损失产生的原因可将风险划分为人为风险和自然风险。人为风险是指人的活动而带来的风险;自然风险是指自然力的作用造成的风险,与人为风险相对应。

在水资源保障体系中,可能的人为风险包括个人或组织的过失、疏忽、侥幸等造成的行为风险,水资源管理体系不畅产生的组织风险,供用水系统、防洪系统、废污水处理工程系统设计、施工、运行、维护、管理过程中的不确定性引起的工程风险。对于人为风险,应该尽量避免。人为风险往往是部分人或小集体为了以最小成本获得暂时最大利益的行为。避免人为风险,需要加强法制和宣传教育,健全公众参与的监督机制,增强全社会的水危机意识。

对于自然风险,应该努力认识,从而为管理和规避自然风险创造条件。需要加大科研投入,需要科研投入的资金保障,同时需要逐渐认识自然风险因子的不确定性,加强水循

环各个环节的科研,增加相关的科研投入,推进实践的力度等均是规避自然风险的途径。

10.1.2.3　控制投机风险、预防和转化纯粹风险

按照后果的不同,风险可划分为投机风险和纯粹风险。投机风险指既可以带来机会获得利益,又隐含威胁、造成损失的风险。投机风险有三种可能的后果:造成损失、不造成损失和获得利益。在风险识别和分析、风险衡量和评价工作完成后,风险发生过程中,若风险管理人员发现投机风险发生损失的可能性很大,或者一旦发生损失则损失的程度将很严重时,可以采取主动放弃原有承担的风险或完全拒绝承担该风险的方案。

纯粹风险指不能带来机会,无获得利益可能的风险。纯粹风险只有两种后果:造成损失和不造成损失。对纯粹风险,通常采用预防和转化的手段。工程法是一种有效的预防手段。此法以工程技术为手段,消除物质性风险威胁。主要工程措施有三种类型:一是防止风险因素出现,例如修建水库堤防拦蓄洪水,修建提水工程防止干旱,修建污水处理厂处理污水以减轻水环境污染等,就能相应地减少洪水、干旱、污染这些风险因素;二是减少已存在的风险因素,例如进行河道清淤、人工降雨、清洁生产等措施,就能减少行洪、少雨、污染物排放等风险因素;三是将风险因素同人、财、物在时间上和空间上隔离,避免洪水、干旱、污染对生产生活的干扰。除了工程法,教育法也是预防纯粹风险的有效办法。纯粹风险并不是绝对的,但风险因素发生变化时,纯粹风险将有可能转变成投机风险。风险的性质、后果都可能发生风险,或者随着风险因素的发生,新的风险有可能发生。

10.1.2.4　提高风险抵御能力、增强危机处理和应急能力

风险损失主要和风险发生的概率、风险承受体易损性、人群对风险的承受能力有关。风险承受体易损性指承受体易于受到灾害的破坏、伤害或损伤的特性,反映了各类承受体对风险的承受能力。人群对风险的承受能力包括经济承受能力和心理承受能力等多方面。在水资源保障体系中,除了考虑降低和减少风险,分担风险等,还应该增强城市对水资源风险的承受能力,主要指经济承受能力和心理承受能力。经济的承受能力要求增强经济实力,降低风险损失占经济总量的比重。心理承受能力在国外受到极大关注,国内则长期忽略。管理风险不外乎规避、减少、及时处理等措施。

风险虽然具有可测性,但这种可测性只是对风险总体在统计意义上而言的,风险何时发生是无法预测的,风险的发生具有突然性。如果有应急预案、必要的准备和训练,风险发生后的自救能力就会提高,重要设施的保护措施就可能及时有效,外界的救援速度与投入力度就可以恰到好处。而且,风险损失之后的重建、恢复生产等也需要周密有效的应急方案。

10.1.3　疏勒河流域中游绿洲水资源保障技术体系构建基本框架

为了建立区域水资源保障体系,探讨其基本组成部分和框架体系,提出总体构想。水资源保障体系与水资源形式、保障需求、管理体制、经济社会发展水平、科研教育实力等密切相关。水资源保障体系既不可能单纯依靠工程体系,也不可能以非工程体系取代工程体系,而是需要工程体系和非工程体系的有机结合。区域水资源保障体系按照内容和框架分为如下两大部分。

10.1.3.1　工程措施体系

工程措施体系是指人类社会为了发展对水资源的需求而修建工程并对其进行管理,包括建设和管理水资源利用工程和水环境工程。水资源利用工程指人类在发展过程中,为了提高生产和生活的效率,选择和确定水源、确定取水和净水方式,从而布置和建设的各类取水(供水)、净水、输水、配水等工程设施和管网系统,旨在改变水的时空分布以及水体水质、水压等满足人类的需求。水环境工程指人类在发展过程中,为了改善生产条件和提高生活质量,合理处理和综合利用污水、安全排放各类废污水,消除水污染隐患、布置和建设的各种污水收集、输送、处理等工程设施和管网系统。

1.水资源利用工程体系

按照工作过程划分,水资源利用工程主要由供水工程、净水工程、输配水工程组成。供水工程用于从选定的水源(地表水和地下水)供水,一部分用于农业灌溉与生态用水,一部分输往水厂用于工业与生活用水。净水工程指将天然水源的水加以处理,符合用户对水质的要求。输配水工程指从水源泵房或水源集水井至水厂管道(或渠道)或仅起输水作用的从水厂至城市管网和直接送水到用户的管道。以地面为水源的水资源利用工程体系通常由上述三个部分组成,而以地下水为水源的水资源利用工程体系,因水质较好,常省去净水工程,只需加氯消毒或直接使用。若有足够压力,还可省去加压泵站。

1)供水水源工程

针对疏勒河流域中游绿洲主要供水水源有地表水、地下水和其他水源,进一步加大对水源进行保护。地表水源工程主要涉及河道内取水和相关水库(昌马水库、双塔水库、党河水库等),为了实现对中游绿洲水资源的合理优化配置,应加强相关水库的联合调度与调控。地下水源工程主要为地下水开发与保护工程,根据疏勒河流域地下水开采现状,对地下水超采区,控制地下水开采量,在尚存地下水开采潜力的地区,城市及农村生活用水十分紧张的局部地区,可适度开采地下水。对禁采区,建立完善的地下水监测系统,实行动态监测,提高地下水的保护水平。其他水源工程主要指流域中水回用和污水处理利用,积极推进污水处理及污水处理回用工程建设。

2)节水与灌区工程

结合大型灌区续建配套与节水改造、1万~5万亩灌区续建配套与节水改造、农业综合开发水利骨干工程建设等项目,进一步加大疏勒河流域高效节水推广力度,提高流域节水潜力。根据流域气候、土壤、水源条件等特点,结合流域高效节水灌溉模式试验推广的经验与教训,适宜种植的作物品种,充分尊重农民意愿以及考虑田间管理水平等因素,进一步推广适宜本区域的田间节水灌溉模式:渠灌、管灌、微灌(滴灌、渗灌、微喷)、温室微灌。管灌、大田微灌和温室微灌主要布置在井河混灌区,以井水为水源,利用提水水泵的压力,进行节水灌溉;渠灌主要是对田间土地平整,实施大块改小块的常规节水改造,硬化衬砌、配套相应的田间斗渠,使其达到小畦节水灌溉的标准要求。依据灌区实际情况,对严重变形、运行危险的渠段实施拆除重建来实现干支渠改造,进一步通过支渠衬砌、田间灌水模式调整和节水农艺技术推广等对位于疏勒河干流区的昌马灌区、双塔灌区等实施节水改造。

2.水环境工程体系

一般由排水工程体系与水环境保护和改善工程体系组成。水环境保护和改善工程体系主要包括湖泊、湿地、河道水体治理恢复等工程体系。水环境工程体系的最重要部分是排水工程体系。排水工程体系通常由排水管网、污水处理系统和出水口组成。排水管网系统是收集和输送废污水的设施，包括排水设备、检查井、管渠、污水泵站等。污水处理系统是改善水质的工程设施，包括城市及工业企业污水厂中的各种建筑物和设施。出水口是使处理后的废水排放到水体并与水体很好混合的工程设施。从过程上看，污水回用设施属于水资源利用工程体系。

1）水生态修复工程

水生态保护的目标是满足河流基本生态环境需水，维持河流生态系统的健康；限制地下水过量开采，维持合理地下水位，避免环境地质灾害；满足湖泊湿地补水和林草植被生态建设等用水要求，提高水源涵养功能；形成具有良性循环的生态系统，实现水资源的可持续利用、水生态环境保护与经济社会发展相协调。针对疏勒河流域水生态建设方面存在的问题，通过工程与非工程措施，修复疏勒河流域已经被破坏的水生态环境，如湿地的恢复与保护措施，退耕还林、还草、还湖措施等。通过水资源的合理配置，使生活、生产和生态用水得以兼顾，保障疏勒河流域生态环境用水、湖泊湿地补水和林草植被等生态建设用水。

为了保证疏勒河流域水资源开发利用不对涉水自然保护区、风景名胜区、湿地等涉及河段产生减水、断流、淹没等影响，采取了一系列措施，主要包括蓄水、引水保障水量补给，保证下游生态基流、限制部分河段水资源开发利用，保持湖库型景观的水位要求，必要时采取补水、调节各水期水量的工程措施，维持景观的美学价值。根据河流生态环境用水现状及生态环境需水要求，合理配置水资源量。同时采取有效措施，保护流域内珍稀及特有鱼类生境，减缓水资源开发利用不利影响，避免水生态破坏，保障河流合理生态需水量。治理关闭上游污染源，必要时采取补水、调节等措施保障主要河流水功能区目标水质达标。保护疏勒河流域湿地水资源及其生物多样性，维护湿地生态系统的特性和基本功能，实行保护和恢复并举，在完善保护措施体系的同时，重点加强湿地保护区的建设，采取综合治理、恢复和修复等措施，逐步恢复湿地的原有结构和功能，遏制保护区及周边社区人口增加，最大限度降低工农业生产和经济发展对湿地的威胁，实现湿地资源的可持续利用。根据疏勒河流域水资源供需情况和地下水开发利用状况，对不同水平年地下水资源进行合理配置。对目前开采过度的区域，逐步减少开采量；对地下水位过高、导致次生盐碱化等灾害严重的地区可适度增加地下水开采量。采取通过多种措施，使生态环境需水量得到保障，水生态环境明显改善，实现生态系统良性循环，人与自然和谐发展。

2）水污染防治工程

流域水质保护措施的目的主要是对现状水质较好的河段保障现状水质，对现状水质较差的河段改善水质，从水体感官度、质量状况等多方面保障水质。措施包括排污口整治、城镇污水集中处理、区域重污染源改造、垃圾处置项目、农村生态综合整治工程等。流域内人口增长、城市化、农业、工业及商业活动，改变了疏勒河流域原有的水文过程与水循环方式以及地下水补给条件,使得营养物质和污染物排放污染了水源,同时也加大了对当地的淡水资源的需求。根据疏勒河流域水资源污染特点,识别流域水资源污染源,加强疏勒河流域水资源综合开发与水环境综合治理协同发展,加强疏勒河流域水资源污染过程、主要污染物类型、水资源污染控制途径、污染物质运移机制研究,寻找适合污染物质排放的地质单元体的研究以及修复受污染的地质单元及评价疏勒河流域水资源污染研究。进一步加大疏勒河流域水功能区纳污能力、入河排污口管理、水功能区达标评估等监督管理体系研究,从根本上扭转疏勒河流域水资源污染态势。完善疏勒河流域水质监测、监督监管能力和水功能区建设,控制不同水功能区排污量,加强各河段的水质监测,制定和不断调整水功能区划,严格控制入河排污量,保证污染不超标,促进疏勒河流域水环境健康可持续发展。

10.1.3.2　非工程措施体系

与现代以管理措施为主的非工程体系不同,我国传统的非工程体系通常指为工程体系合理高效利用服务的技术系统,主要包括信息采集、信息传输、信息存储及处理、信息管理、辅助决策支持、专家诊断咨询、决策会商、运行调度等子系统。

1.水资源统一管理体系

由于大规模的水资源开发利用、用水量的增加,特别是竞争性用水格局的形成和日益加剧,以及可持续发展的要求,中国政府开始修改水资源管理体制,逐步形成了通过市场竞争对水资源优化配置、统一管理的体制改革宏观思路,由水利部对水资源实行"统一规划、统一调配、统一发放取水许可证、统一征收水资源费、统一管理水量水质"。新的《中华人民共和国水法》规定,开发、利用、节约、保护水资源和防治水害,应当按照流域、区域统一制订规划,规划分为流域规划和区域规划,流域内的区域规划应当服从流域规划。

针对疏勒河流域,由甘肃省疏勒河流域水资源管理局负责对流域水资源进行统一管理和调度,并提出流域初始水权水量分配方案,同时细化完成流域初始水权分配方案。根据流域水量分配方案、水资源状况和年度预测来水量,按照统筹协调、综合平衡、留有余地的原则,合理动态制订年度用水和水量调度计划、年度水量调配方案,建立并完善向取水户下达年度用水计划的制度,建立健全计划用水的监督机制;完善节水绩效考核制度,形成节约有奖、超用惩罚的节水机制。建立促进水资源高效利用的激励机制,建立健全水资源宏观调控制度。为切实落实初始水权分配方案,建议强化水权实施的过程监控,在流域初始水权分配方案框架下,根据灌区节水改造的投入力度、工程进展情况、群众意愿与农民的接受程度以及实施难度等因素,提出分年度水量调度任务、目标。采取切实可行的措施,控制经济社会用水指标,保证基本的生态用水量,满足中游绿洲湿地等生态系统的生态补水要求。甘肃省疏勒河流域水资源管理局根据流域来水情况,依据批准的水权分配方案,结合节水工程进度和用水实际,编制疏勒河流域年度水量调度预案,依据实际来水和降水情况,在丰水年及平水年,保持经济社会各行业用水稳定,增加或维持生态用水;枯水年份,经济社会各行业按保证重点、压缩一般的原则进行水量调度。水量调度根据工程实施进度,按照分步实施、逐步到位原则,保证阶段下泄水量指标。适时根据流域水资源的供求状况、国民经济和社会发展状况,按照水资源供需协调、综合平衡、保护生态、厉行节约、合理开源的原则,制订供求计划。

甘肃省人民政府合理规划饮用水源地,加强水源地水环境的安全性分析,根据有关规划和管理权限划定饮用水水源保护区,并采取相应措施,坚决取缔饮用水水源保护区内的排污口。健全地下水保护与管理制度,遏制地下水超采,防止水源枯竭和水体污染,保证城乡居民饮用水安全。根据流域和区域水资源条件及生态环境保护的要求,研究制定河流不同河段和主要控制断面以及区域地下水系统的水资源开发利用控制指标、生态环境用水标准、河流下泄流量以及地下水的合理水位作为水资源配置和调度的控制性指标。按照充分保障基本生态环境用水的原则,建立合理的水工程调度运行与管理模式,加强流域和区域水资源统一调配,使流域生态下泄水量等生态控制性指标得到满足。按照"谁开发谁保护、谁受益谁补偿、谁破坏谁修复、谁排污谁付费"的原则,研究建立与水相关的生态补偿机制,保护与修复生态环境;逐步建立健全各类水工程建设与调度运行的生态环境保护指标与标准,按照兴利与除害相结合、防汛与抗旱相结合、经济利益服从社会公众利益的原则,合理进行水工程调度,保障供水安全和生态安全;完善和建设水生态环境监测和预警系统,加强对河流和地下水生态系统的保护。

2.行政管理体系

在水资源的规划、开发、管理中政府的介入对于国家和公众利益来说是必不可少的,而且水是一种重要的经济与政治商品,需要进行管制,避免滥用和污染。因而,政府必须负起责任,为了国家利益执行水资源的政府管理职能。水资源行政管理体系是水资源工作全面、正常、有效、有序进行的基本保证。根据《中华人民共和国水法》的规定,国务院水行政主管部门负责全国水资源的统一管理和监督工作,国务院水行政主管部门在国家确定的重要江河、湖泊设立的流域管理机构在所管辖的范围内行使法律、行政法规规定和国务院水行政主管部门授予的水资源管理和监督职责。水利部与各省水利厅有上下级业务联系,各省水利厅在省一级的职责与水利部在中央一级的职责类似。政府部门行政管理的线索要明晰,应该赋予各机构十分明确的职能以及履行其职责所必需的权力,每个机构的工作责任要详细、透明。

因此,针对疏勒河流域应建立适合区域特色的水资源行政管理体系,不断完善国家水资源管理法规和政策体系,不断完善流域水资源行政管理观念和管理模式,增强非工程管理体系在水资源管理中的资金保障,完善其管理的理论与实践。进一步加强区域各级水行政主管部门自身能力的建设,用非工程措施体系来有效推动地方各级政府对水资源的管理。科学预测水资源需求,转变用水方式,提高水资源利用效率和效益,遏制不合理的用水增长,加强以提高用水效率为核心的水资源需求管理。根据《甘肃省地级行政区用水总量控制指标》,制定县区用水总量控制指标,强化流域和地方水行政主管部门对水资源管理,严格流域许可总量的控制管理;根据《甘肃省地级行政区用水效率控制指标》,完善各级行政区用水定额及节水标准,甘肃省人民政府水行政主管部门要根据节水型社会建设的要求和各地的水资源条件,科学制订各行政区域各行业的用水定额,由省级人民政府公布实施。随着节水型社会建设的不断深入,要适时对用水定额进行修订。

3.法规政策体系

法规政策体系是水资源合理配置保障体系建设的重要保障,是一系列有关水资源法规和政策的组合。目前,我国各方面的法律还很不健全,但正向法制化社会过渡。水资源是一种公益或半公益性事业,水资源合理配置保障体系是直接为这一事业服务的,没有法规政策的保障,这一体系的建成是难以想象的。法规政策体系对水资源合理配置保障体系的作用主要表现在两个方面,一是保障水资源合理配置保障体系建设及运作所需的经费有稳定、足够的来源,二是相关行政管理有法可依。

我国涉及水资源方面的法律应该说是比较完善的,主要有《中华人民共和国水法》《中华人民共和国水土保护法》《中华人民共和国防洪法》《中华人民共和国水污染防治法》《中华人民共和国环境保护法》,还有其他一些法律以及众多的行政法规和规章。针对疏勒河流域应尽早实施《甘肃省疏勒河流域水资源管理条例》《党河流域水资源管理条例》《党河流域(含苏干湖水系)水量调度管理办法》《疏勒河流域水量调度管理办法》,全面实行总量控制,定额管理,将水权落实到户。为规范疏勒河流域水资源管理,合理配置敦煌市生活、生态和生产用水,促进经济社会的可持续发展,应制定敦煌地区水资源管理条例并报送甘肃省人民代表大会常务委员会审议,尽早颁布实施。为落实水权分配方案,加强节水型社会建设,实施最严格的水资源管理制度,应提出疏勒河流域水权实施与水资源综合管理办法。根据流域水资源管理现状,进一步建立健全流域水资源总量控制与定额管理相结合的用水管理制度,建立严格的水资源论证和取水许可管理制度,建立健全计划用水管理和水资源统一调配制度,建立健全水资源与水生态保护制度和建立完善水资源有偿使用制度和经济调节机制,逐步形成有利于合理开发、科学配置、高效利用和有效保护的水资源管理体制和政策法规体系。

4.资金保障体系

资金保障是水资源合理配置保障体系建设和运行的物质基础,没有资金的保障,再好的体系也是纸上谈兵。无论是工程体系、非工程体系的建设还是建成后的维护、运作,都必须以资金的保障为前提。新建项目和现有基础建设的现代化、修复、更新改造及运行维护所需资金的筹集是一个巨大的挑战。目前,疏勒河流域水资源建设方面尚未建立切实的资金保障制度,没有稳定的经费来源,严重妨碍了水资源安全保障体系系统化的建设和维护管理。

针对疏勒河流域资金保障现状,资金来源可以考虑水资源费、行政管理费、排污许可费、污染罚金、洪水保护费、数据资料费等。按照有利于促进水资源合理开发、节约利用、有效保护,有利于协调水资源可持续利用、经济社会发展和生态环境保护,有利于发挥水资源的综合效益的原则,建立水资源与生态环境价值体系,合理确定各地区、各行业和各类资源开发利用活动以及各类用(排)水户的资源环境税(费)标准。对不同水源和不同类型的用水实行差别水价,使水价管理走向科学化、规范化轨道。逐步推进水利工程供水两部制水价、城镇居民生活用水阶梯式计量水价、生产用水超定额超计划累进加价,缺水城市要实行高额累进加价,适当拉开高用水行业与其他行业用水的差价。对于农业和生态环境用水,因其用水性质的特殊性,研究制定其合理的水价政策与机制。同时,保证城镇低收入家庭和特殊困难群体的基本生活用水。全面开征污水处理费,未开征污水处理费的地方,要限期开征;已开征的地方,按照成本补偿、微利运营的原则,提高污水处理回用率。通过以上措施与途径,不断完善疏勒河流域水资源资金保障体系。

5.社会保障体系

任何措施都无法从根本上解决资源的短缺问题,水资源短缺、超标准洪水和水环境污染总会发生,水危机的解决必须依赖于社会保障体系。由于灾害发生的不可避免性,对灾害造成的损失给予及时、充分的经济补偿是重要对策之一。面临危机,基本途径有三个:一是发生前进行预防,二是发生时进行救灾减灾,三是发生后进行救助。社会保障体系主要包括政府投入、灾害保险、社会捐助。各级政府是社会保障体系的重要组成部分,政府投入的目的是保障基本要求。灾害保险可以对局部地区企业和家庭损失给予部分经济补偿,协助恢复生产、生活。保险的作用主要体现在补偿作用、救灾作用和防灾作用上。由于保险部门长期专门与灾害、风险打交道,掌握了大量的信息资源,积累了丰富的经验,可以成为社会综合防灾队伍的主力,在防灾工作中发挥出骨干作用。社会保障体系的另一项重要内容是保障低收入用水户的基本用水权,建议实行累进加价制水价,对区域低保人员实行特殊水价政策。

针对疏勒河流域水资源利用和生态环境现状,应逐步建立由政府部门、水利部门、社会企业、私人团体构成的水资源社会保障体系,力求解决特大干旱、连续干旱以及突发安全供水及水污染事件造成的流域水资源危机和短缺,进一步保障流域中游绿洲不同部门的水资源需求,改善区域日益脆弱的生态环境,实现经济社会与环境的良性协调发展。

6.经济补偿体系

经济补偿体系作用是保障水资源的可持续利用。从资源发挥效益的角度来看,水资源从用水效益低的行业流向用水效益高的行业是水资源价值的合理体现。农业用水向城市和工业用水转让,城市工业得到发展,水资源效益得到增值,而农业会因为水资源的转让失去部分效益。因此,农业应该通过获得工业和城市提供的经济效益来弥补损失,最终使水资源的效益最大体现,同时体现公平性。从可持续发展的角度看,作为水环境要素之一,水资源从生态环境领域流向国民经济领域是牺牲生态环境效益来发展国民经济,而又不能完全满足生态环境效益的需水,所以国民经济应该向生态环境补偿,应该从国民经济领域收取环境费用用于生态环境的维护和恢复。

针对疏勒河流域水资源运行状况,为了实现区域之间经济补偿,首先需要明确流域各行政区的初始水权,初始水权指使用权。初始水权的分配包括生态水权(生态用水)、生活水权(生活用水)、发展水权(生产用水),因此确定区域初始水权的同时也确定了国民经济对生态环境的补偿,确定了工业和生活用水向农业用水的补偿。确定初始水权后,为了进行有效的水资源使用权有偿转让,就需要建立水市场。建立水市场后,节水变得有利可图,各地区、企业会加大节水力度,以便在自己水权范围之内完成盈利任务,或者节约出大于自己水权的水量以转让获利。同时要保证水资源使用权转让的有效性,就必须对有偿交换建立有效的监督机制。

7.科教宣传体系

水资源合理配置保障体系需要不断研究,需要相关的教育培训,需要公众的广泛参与。要应对重大和复杂的水资源问题,关键在于科学治水,在于大众参与,要依靠科技创新和科技进步促进水资源的合理开发、高效利用、全面节约、有效保护和综合治理,靠各社会群体的积极关注、广泛参与、密切配合。宣传和公众参与不是法规和经济手段等的代用品,但却是非常有用的补充方法,能为水资源保障提供额外的刺激和鼓励,并且实施成本低,也不需要强迫执行。公众包括环保组织、人民团体、地方行政官员、消费者组织、行业组织、工会等利益相关者群体,需要加强妇女在其中的作用。公众参与时需要尽量详细给出项目对公共利益或特殊利益群体的影响。

针对流域实际情况,保障区域特别是农牧民的知情权、参与权和监督权,对于直接涉及农牧民切身利益的措施,如控制灌溉用水、转让水权、降低灌溉定额、改进灌溉方式等,都应采取公告、公示、民意调查论证等方式,合理确定实施范围和具体办法。通过协助农牧民成立用水者协会,建立信息交流平台等措施,让农牧民全面知情、充分参与,自觉自愿地全方位参与到生态保护和流域治理工作中来。加强政策引导和服务,充分调动农牧民的积极性,增强其开展综合治理工作的自觉性,在节水和改善生态的同时,促进农牧民增收。通过电视、报刊和网络等多种宣传途径和方式,加强生态保护宣传和动员工作,强化水危机和生态危机意识,增强其参与综合治理工作的自觉性。综合治理的实施范围和具体措施一经确定,各乡镇政府要与农户签订协议,明确治理活动中政府与农民的权利和义务,并加强诚信宣传和教育,强化履约双方的法律意识。

8.危机应急管理体系

受技术、经济条件的制约,对于超过标准的洪水、干旱,或者偶然的环境事故等必须采取应急措施。在洪水发生的情况下,常常需要在极短的时间内组织数以万计的群众紧急避难迁安,以及现在越来越依赖于交通、通信的正常运转,如何尽快恢复遭受破坏的生命线系统,是减少洪灾损失的重要环节。旱情的发生没有洪水紧急,但影响时间长、范围广,在水资源难以获得而又不可缺的情况下,干旱同样需要应急管理措施。如果环境事故突然发生,也需要在尽快的时间内控制影响范围,采取消除或减免措施,危险性和技术难度都非常大。在水资源合理配置保障体系中,危机应急管理体系将发挥越来越重要的作用。

根据疏勒河流域水资源状况,完善水资源监控体系,强化应急管理。加强水文、水资源、生态环境取水、供水、用水和退水等水事活动的监测与计量监督系统建设,提高对水资源的动态监测与监控能力,全面加强气候变化对水资源及与水相关生态环境的影响研究,完善相关监测监控体系,提高对干旱、突发水污染、安全供水突发事件的预警能力。加强水资源信息化基础设施建设,开展国家水资源管理信息系统前期论证工作,规范技术标准,构建共享平台,加强水资源调度等应用系统的开发建设,提高水资源优化配置的能力。建立应对特大干旱、连续干旱以及突发安全供水及水污染事件的水源储备制度和应急管理体系,提高应急风险管理水平。针对水资源安全保障中的薄弱环节,按照"以防为主,防抗结合"的原则,合理地确定特殊情况下的应急水源储备,要制订特殊干旱、突发水污染和安全供水等事件情况下的水资源安全保障应急预案,旱情紧急情况以及突发事件情况下的水量调度预案。建立水资源应急组织指挥体系,落实各级政府和有关单位的职责、任务和要求;建立水资源应急监测体系,提高对特殊干旱、突发水污染事件以及供水危机监测信息分析、预测与损失评估能力;建立突发事件、特殊干旱应急响应以及水事矛盾应急处理机制。针对流域水利管理要对包括水利安全度汛、抗旱减灾、反恐怖、破坏性地震、消防等各种安全生产应急预案进行认真修订和完善,建立水利生产安全事故应急救援体系,并对各类应急预案进行整理,做到预案齐全、规范、完整、具有可操作性,定期开展应急救援演练和应急救援知识培训,不断提高应对和处置水利安全事故和抢险救援能力。

10.2 疏勒河流域中游绿洲水资源保障技术指标体系

10.2.1 建立保障技术指标体系的原则

水资源合理配置保障技术体现了社会、经济、资源、环境的保障状况及其协调发展情况。为了对水资源合理配置保障程度进行量化研究,首先确定其量化指标体系,建立指标体系应遵循以下原则:

(1)科学性。要求指标既能较客观和真实地反映水资源合理配置保障技术的内涵,又能较好地度量水资源合理配置保障主要目标实现的程度。

(2)全面性和精练性。全面反映社会经济的总体特征,符合保障的目标内涵,避免指标之间的重叠,使保障目标与量化指标有机地联系起来,组成一个层次分明的整体。精练性是在满足全面性的前提下,尽可能地减少量化指标体系中的指标数量,使每一个指标都发挥最大的作用。

(3)可靠性。指标的取值往往会受到很多因素的影响,应尽可能选取与水资源合理配置保障状况关系密切的指标。

(4)敏感性。随着水资源合理配置保障状况的变化,指标的取值也会相应地发生变化。

(5)统计可行性。所选取的指标数值可以通过可靠的统计方法或可靠的资料获得,指标与水资源合理配置保障状况的关系可以通过一定的方法进行量化。

10.2.2 水资源保障技术指标体系确立

水资源保障技术指标是用来度量、分析区域水资源保障技术好坏的重要手段,它既是区域水资源配置保障技术利用现状与水平的表达,也是区域水资源合理配置和高效利用的反映。所建成的指标体系须全面、完整、准确地反映水资源配置属性,并能从多角度、全方位对水资源配置保障技术进行综合评价,在遵循科学性、可表征性、系统性、可操作性等原则的基础上,借鉴国内外有关水资源保障技术研究成果作为指标选择的依据。结合疏勒河流域水资源配置的实际情况,从影响区域水资源配置保障技术的水资源因素、社会因素、经济因素和生态环境因素 4 个方面出发,引用 35 个评价指标,建立疏勒河流域中游绿洲水资源保障技术指标体系(见图 10-1)。根据所建指标体系,使水资源合理配置保障量化指标具有以下作用:第一,能够表示区域的社会经济、环境、水资源供需、防洪减灾、高效利用、公众参与的现状及发展趋势;第二,能够体现出区域的社会经济、环境、水资源供需、防洪减灾、高效利用、公众参与相互影响的状况;第三,能够反映区域社会经济存在的关键性保障问题。

图 10-1　疏勒河流域中游绿洲水资源保障技术指标体系

10.3 疏勒河流域中游绿洲水资源保障技术体系建议与对策

(1)加快多种水源工程建设,增强水资源优化配置能力。为保障疏勒河流域中游绿洲经济社会发展对水资源的需求,加快水利基础设施维修和建设,提高现有水利工程的利用程度,增加废污水回收利用,从而改善水资源短缺。加强水资源保护,实现水资源可持续开发利用,防止地表水与地下水受到污染。依法加强废污水排放管理,严格实行达标排放,提高废污水回用率,防治水源污染;提高全民开展水资源保护工作意识;加强水资源统一规划管理,防止无计划地开发、破坏水源,实现水资源量和质的优化配置。把水资源保护纳入区域社会经济发展中,全盘考虑、统筹规划、综合管理。

(2)建设节水型社会,实现水资源的高效利用。建设节水型社会,是解决干旱缺水问题最根本、最有效的战略措施。通过建设节水型社会,可以使水资源利用效率和效益得到提高,生态环境得到改善,可持续发展能力得到增强,促进人与自然和谐共处,促进经济、资源、环境协调发展。建设节水型社会的目的是在区域范围内建成与水资源条件相适应的现代节水型社会,为实现疏勒河流域中游绿洲建成小康社会提供水资源保障。主要内容是全面建设节水型农业、节水型工业、节水型城乡生活、节水型生态环境和水资源保护。根据各地水资源承载能力,确定经济发展方向,合理安排经济布局。

节水型社会建设的本质是建立以水权、水市场理论为基础的水资源管理体制,形成以经济手段为主的节水机制,不断提高水资源的利用效率和效益,促进社会经济、资源和环境协调发展。组织制定用水权交易市场规则,建立用水权交易市场,实行用水权有偿转让。通过用水权的市场交易,建立起有效的节水激励机制,使广大用水户能从节水投入上获得相应的回报,促进提高水资源的利用效率和效益,并引导水资源向节水领域进行二次配置。全面推广综合节水措施,包括非工程和工程节水措施,努力提高灌溉水利用率,减轻农药造成的面源污染。加快渠系配套改造、安装计量设施及推广农业灌溉技术,控制农业面源污染;加强农业用水管理,制定合理的农业用水水价政策。

(3)实现水资源的统一管理和优化配置,加快水务管理一体化进程。疏勒河流域中游绿洲水资源存在不同程度短缺,水资源供需矛盾恶化日益突出,缺水已成为制约中游绿洲社会经济发展的重要因素。为了使有限的资源发挥最大社会、经济和环境效益,以水资源的可持续利用支撑经济社会的可持续发展,必须依照《中华人民共和国水法》的要求实行水资源统一管理和优化配置,加快水务管理一体化的进程。

(4)加强法律体系建设,健全各项规章制度。建立健全流域建设项目水资源论证和审查制度。流域内开发利用水资源,新建、改建和扩建取水项目,按要求编制水资源论证报告,报流域管理机构预审通过后,再按基建程序报批。进一步对疏勒河流域地表水和地下水使用权的界定、分配、转让或交易做出明确规定,对用水户取得水权以及水权转让、调整和取消和新水权申请做出具体规定,对水资源管理机构的管理权限、范围从地方法规层面予以确定,做到管理有法可依,为依法管水奠定坚实基础。

加快实施污水排放许可证制度。对于新建、改扩建工业项目,都在污水排放总量控制目标范围内,先实行登记制度,然后逐步过渡到论证核发排污许可证制度,现有企业也要在论证明确污染物削减目标的前提下,先行登记,然后核发排污许可证,并严格监控管理,确保水污染防治目标的实现。

(5)提升水资源管理手段,加强水资源管理。针对疏勒河流域水资源分布特点,通过远程河水水情(水位、流量)测报系统、渠道自动取水计量管理系统、节水管理信息系统、地下水(水位、水量)监测管理系统、流域降水观测系统、水质监测分析系统等可以有效实施水库风险管理,充分利用洪水资源,合理配置水资源,提高灌区管理水平,为加强水资源管理提供技术支撑。

通过对区域地下水井位建档管理,规范地下水取水程序。根据流域地下水计量设施系统,实现水量计量、自动控制、分级分层管理,实现对地下水开采的有效控制管理。为了保障区域水资源合理配置,明确区域水权水量,水管部门必须及时掌握来水、用水情况,准确配水,加强配水工程体系建设,硬件上要做到"量能计得准,水能按时到"。应在重点加强灌区水利工程建设的同时,对工业、生态等配水工程进行积极扶持、建设,切实加强水污染治理工程的实施,确保区域水资源可持续利用。进一步加强管理手段、管理规程建设,积极通过水资源公报、年报、取水许可年审等手段,对区域水资源进行动态管理与综合评价。

(6)严格保护水生态环境。根据疏勒河流域生态与环境保护目标,结合河流实际水资源状况,并考虑丰枯变化,确定枯水年和平水年的生态基流量,实行有限开发、有序开发,维护水生态系统的平衡和良性循环。加强流域综合管理,协调上、下游生态环境需水量的关系,在不同时间尺度和不同空间尺度满足河流基本生态环境流量的要求。建立生态可持续的水库调度方式,以保证人、水合理配置为首要目标,有效地将水利工程建设与生态环境保护紧密结合。运用科学的调度技术和手段,在满足下游生态基流和生态环境需水量要求的基础上,利用水库调度机制最大限度地把坝下游的水环境威胁降到最低甚至为零。

(7)建立公众参与机制,维护公众权益。在水资源管理过程中,公众参与决策和监督不足仍然是公众主动接受和贯彻管理政策易受损害的重要原因。完善和加强公众参政、民主议政的政治氛围和意识,培育公众参与意识,充分发挥舆论宣传和监督作用,广泛开展宣传,增强广大群众的参政意识;结合农民技术技能培训,专门设置法律知识培训课程,普及法律知识,增强农民的法律意识;大力增强全民水忧患意识,转变用水观念。大力培育公众参与的各种类型组织,加快建立用水者协会,从制度和组织层面赋予用水者协会足够的裁决权、相对独立的管理权,各村要积极探索户长会的村民组织形式,户长会以组为单位,一般由各组村民小组长召集,就村情民意调查、重大事项决策、村务财务公开、水权纠纷等进行协商,加大村民影响力,切实维护用水者权益。

第 11 章　结论与建议

11.1　结　论

11.1.1　疏勒河流域中游绿洲生态功能分区研究

通过对疏勒河流域中游绿洲主要植被类型、植被的分布及演替规律、水资源开发利用对生态环境影响分析,评价了疏勒河流域中游绿洲生态环境现状,并指出了流域中游绿洲存在的主要环境问题;基于疏勒河流域中游绿洲生态系统特点,依据不同的生态功能分区原则与方法,提出了基于生态系统的疏勒河流域中游绿洲生态功能分区。

11.1.2　疏勒河流域中游绿洲生态需水定量化模型研究

基于流域绿洲生态需水研究机制与生态需水原理,结合疏勒河流域中游平原区生态系统类型,进一步界定了中游绿洲生态环境需水内涵,分析了生态环境需水特征,确定了流域中游绿洲生态需水研究体系与生态需水类型。根据研究区天然植被、河流湖泊等生态需水特征,建立了基于天然植被生态环境需水量、河流基本生态环境需水量、河流输沙需水量、河道渗漏补给需水量、河流水面蒸发需水量、湿地生态环境需水量和防治耕地盐碱化环境需水量的疏勒河流域中游绿洲生态需水定量化模型,并确定了天然植被生态环境需水量、河流基本生态环境需水量、河流输沙需水量、河道渗漏补给需水量、河流水面蒸发需水量、湿地生态环境需水量和防治耕地盐碱化环境需水量的计算方法。

11.1.3　疏勒河流域中游绿洲生态需水量计算与分析

根据建立的疏勒河流域中游绿洲生态需水定量化模型和确定的计算方法,结合疏勒河流域中游绿洲土地利用类型,计算得出疏勒河流域中游绿洲天然植被生态环境需水量、河流基本生态环境需水量、河流输沙需水量、河道渗漏补给需水量、河流水面蒸发需水量、湿地生态环境需水量和防治耕地盐碱化环境需水量分别为 1.90 亿 m^3、0.98 亿 m^3、1.11 亿 m^3、0.83 亿 m^3、0.68 亿、2.70 亿 m^3 和 0.20 亿 m^3,依据不同情景分析,计算得出疏勒河流域中游绿洲最大生态环境需水量、最小生态环境需水量和最适生态环境需水量分别为 7.42 亿 m^3、7.09 亿 m^3 和 7.29 亿 m^3。

11.1.4　疏勒河流域中游绿洲生态环境需水量时空变化特征

疏勒河流域中游绿洲 1970 年、1980 年、1990 年、2000 年和 2013 年天然植被生态环境需水量分别为 2.93 亿 m^3、2.49 亿 m^3、2.30 亿 m^3、2.14 亿 m^3 和 1.90 亿 m^3;河流基本生态环境需水量分别为 1.40 亿 m^3、1.20 亿 m^3、1.10 亿 m^3、1.00 亿 m^3 和 1.00 亿 m^3;河流输沙

生态环境需水量均为 1.11 亿 m³;河流渗漏补给生态环境需水量均为 0.83 亿 m³;水面蒸发生态环境需水量分别为 1.28 亿 m³、0.73 亿 m³、0.71 亿 m³、0.64 亿 m³ 和 0.68 亿 m³;湿地生态环境需水量分别为 14.32 亿 m³、4.64 亿 m³、4.17 亿 m³、3.92 亿 m³ 和 2.70 亿 m³;防治耕地盐碱化生态环境需水量分别为 0.11 亿 m³、0.11 亿 m³、0.11 亿 m³、0.13 亿 m³ 和 0.20亿 m³。同时计算得出总生态环境需水量分别为 17.94 亿 m³、7.51 亿 m³、6.92 亿 m³、6.63亿 m³ 和 5.52 亿 m³。

1970~2013 年疏勒河流域中游绿洲天然植被、河流基本生态、河流水面蒸发和湿地生态环境需水量均呈现逐渐减少趋势,分别减少了 1.03 亿 m³、0.40 亿 m³、0.60 亿 m³ 和 11.62亿 m³。同时总生态环境需水量也呈现逐渐减少的趋势,减少了 12.42 亿 m³;而防治耕地盐碱化生态环境需水量呈现逐渐增加的趋势,增加了 0.09 亿 m³。

在不考虑和考虑河流输沙需水量时,1970 年、1980 年、1990 年、2000 年和 2013 年疏勒河河流生态环境需水量分别为 3.51 亿 m³、2.76 亿 m³、2.64 亿 m³、2.47 亿 m³、2.51 亿 m³ 和 3.22 亿 m³、2.67 亿 m³、2.65 亿 m³、2.58 亿 m³、2.62 亿 m³。

1970~2013 年疏勒河流域中游绿洲天然植被、河流生态和湿地生态环境需水量空间变化特征排序分别为瓜州>玉门>敦煌、瓜州>敦煌>玉门和敦煌>瓜州>玉门,同时各区域天然植被、河流生态和湿地生态环境需水量均呈现减少趋势,而防治耕地盐碱化生态环境需水量排序为瓜州>玉门>敦煌,同时各区域防治耕地盐碱化生态环境需水量均呈现增加趋势。总体上,疏勒河流域中游绿洲总生态环境需水量空间变化特征呈现瓜州>敦煌>玉门,同时各区域生态环境需水量均呈现减少趋势。

11.1.5　基于生态需水的疏勒河流域中游绿洲水资源配置方案研究

基于疏勒河流域中游绿洲水资源配置目标与原则,结合区域社会经济发展预测,提出了疏勒河流域中游绿洲近期水平年和远期水平年水资源优化配置方案。近期 2020 年,当 $P=50\%$ 时,总需水量 16.189 5 亿 m³,总供水量 14.35 亿 m³,缺水量 1.839 5 亿 m³,缺水率 11.36%;总配置水量为 14.35 亿 m³,农业、工业、生活、人工生态和天然生态环境水量分别为 9.015 5 亿 m³、1.03 亿 m³、0.25 亿 m³、0.214 5 亿 m³ 和 3.84 亿 m³,占总配置水量的比例分别为 62.83%、7.17%、1.74%、1.49% 和 26.76%。当 $P=75\%$ 时,总需水量 16.189 5 亿 m³,总供水量 13.72 亿 m³,缺水量 2.469 5 亿 m³,缺水率 15.25%;总配置水量为 13.72 亿 m³,农业、工业、生活、人工生态和天然生态环境水量分别为 8.385 5 亿 m³、11.03 亿 m³、0.25 亿 m³、0.214 5 亿 m³ 和 3.84 亿 m³,占总配置水量的比例分别为 61.12%、7.51%、1.82%、1.56% 和 27.99%。远期 2030 年,当 $P=50\%$ 时,总需水量 15.200 9 亿 m³,总供水量 14.44 亿 m³,缺水量 0.760 9 亿 m³,缺水率 5.01%;总配置水量为 14.44 亿 m³,农业、工业、生活、人工生态和天然生态环境水量分别为 7.519 1 m³、1.8 亿 m³、0.3 亿 m³、0.220 9 亿 m³ 和 4.6 亿 m³,占总配置水量的比例分别为 52.07%、12.46%、2.08%、1.53% 和 31.86%。当 $P=75\%$ 时,总需水量 15.200 9 亿 m³,总供水量 13.72 亿 m³,缺水量 1.390 9 亿 m³,缺水率 9.15%;总配置水量为 13.81 亿 m³,农业、工业、生活、人工生态和天然生态环境水量分别为 6.889 1亿 m³、1.8 亿 m³、0.3 亿 m³、0.220 9 亿 m³ 和 4.6 亿 m³,占总配置水量的比例分别为 49.89%、13.03%、2.17%、1.6% 和 33.31%。

11.1.6　基于生态需水的疏勒河流域中游绿洲水资源保障体系

（1）基于疏勒河流域中游绿洲水资源合理配置保障技术体系构建基本理念与原理，建立了基于水资源利用工程体系、水环境工程体系、水资源统一管理体系、行政管理体系、法规政策体系、资金保障体系、社会保障体系、经济补偿体系、科教宣传体系和危机应急管理体系的疏勒河流域中游绿洲水资源合理配置保障技术体系。

（2）结合区域水资源配置实际情况，从影响区域水资源配置保障技术的水资源因素、社会因素、经济因素和生态环境因素 4 个方面出发，引用 35 个评价指标，建立疏勒河流域中游绿洲水资源合理配置保障技术指标体系，从而为水资源合理配置保障程度的量化提供技术支撑。

11.1.7　疏勒河流域中游绿洲水资源保障对策与建议

基于加快多种水源工程建设，增强水资源优化配置能力，建设节水型社会，实现水资源的高效利用，实现水资源的统一管理和优化配置，加快水务管理一体化，加强法律体系建设，健全各项规章制度，提升水资源管理手段，加强水资源管理，建立公众参与机制，维护公众权益等方面提出了疏勒河流域中游绿洲水资源合理配置保障技术体系建议与对策。

11.2　建　议

生态需水的计算是水资源合理配置的关键环节，流域中游绿洲生态需水的研究目的就是为水资源配置提出合理建议。根据计算研究成果，对疏勒河流域中游绿洲水资源配置中的生态配水提出以下建议。

（1）生态系统是一个复杂的大系统，其中存在许多不确定性因素，项目从流域生态系统的角度对需水机制进行了探讨，但是在生态系统中不同生物个体与水分之间的内在关系、不同类型生态需水的形成机制上还要做进一步研究，尤其是绿洲脆弱生态系统下的水文循环过程、植被与水分关系以及生态适宜性的试验模拟研究等都需要进一步研究。

（2）生态需水量是一个变量，随时间和地点的不同而不同，同时也与生态环境保护的目标密切相关。对生态需水量的计算，应结合具体空间的具体特征，研究生态系统受水分胁迫最大的时段和在这一时段生态系统对水分需求的特点，以增加生态需水计算的实用价值。

（3）由于生态系统和水资源系统的时空变异性，不同尺度下的生态需水规律存在差异。从时空尺度上看，生态需水如何实现不同尺度之间的转换，将是未来需要解决的一个关键问题，本书研究是以流域为单元的中尺度研究，没有涉及微观尺度和宏观尺度的研究，在以后工作中应对这个问题做更加深入系统的研究。

（4）针对疏勒河流域水资源相对匮乏的现状，实际工作中，首先根据流域水平年（丰、平、枯）的实际情况及生态恢复目标确定合适的年际总生态需水量方案。在保证需水年度总量的基础上，根据来水状况及生态需水的时间变化规律，确定不同月份的生态配水方案。对于疏勒河流域中游绿洲,要保证汛期和非汛期生态需水的协调,充分利用汛期水量作为河道外引水,同时保证非汛期特别是枯水期生态需水量。根据流域生态环境状况,生态配水时要注重生态系统的恢复,在保证工农业生产正常进行条件下,生态配水要尽可能接近满意量,以达到生态系统逐步恢复的效果。协调生态用水在空间上的分配,并利用水利工程体系的功能保证水体的流动性和连通性。

(5)进一步加强流域水资源统一管理,合理调配有限的资源,提高用水效率。通过修定和完善地表供水规划及其配套工程规划,减少水资源工程损失,最大限度地充分开发利用地表水资源;开源与节流并重,制定全面的城市、城镇节水规划,完善城镇污水、雨水排放管网,实行雨污分流,完善农业节水规划,采用高效、科学的灌溉技术,通过各种手段大力节水,建立节水型社会;对污水的处理采取改善工艺、控制排放等手段,将污染控制在排入河道之前,减少污染稀释用水量;调整用水结构,由耗水型经济生产向节水型经济生产转变,特别是农业种植结构由耗水型的粮食生产转变为节水高效益型三元种植结构转变;制定和实施水功能区划,按照不同区划的功能,合理利用水资源,保护水环境,促进流域中游绿洲生态环境协调可持续发展。

参 考 文 献

[1] 阿布都热合曼·哈力克.基于生态环境保护的且末绿洲生态需水量研究[J].干旱区资源与环境, 2012,26(7):20-25.

[2] 白杨,郑华,欧阳志云,等.海河流域生态功能区划[J].应用生态学报,2011,22(9):2377-2382.

[3] 白元,徐海量,张青青,等.基于地下水恢复的塔里木河下游生态需水量估算[J].生态学报,2015,35 (3):630-640.

[4] 白元,徐海量,凌红波,等.塔里木河干流区天然植被的空间分布及生态需水[J].中国沙漠,2014,34 (5):1410-1416.

[5] 曹建军,刘永娟,沈琪.我国干旱半干旱地区生态需水研究进展[J].安徽农业科学,2010,38(25): 13966-13969.

[6] 曹小娟,曾光明,张硕辅,等.基于RS和GIS的长沙市生态功能分区[J].应用生态学报,2006,17 (7):1269-1273.

[7] 曹玉红,曹卫东.安徽省沿江地区生态功能分区研究[J].资源开发与市场,2007,23(11):1007-1011.

[8] 柴华,任洪娥,倪春迪.基于GIS系统生态功能区划研究——以黑龙江省密山市为例[J].中国农学 通报,2014,30(5):189-194.

[9] 陈敏建,王浩,王芳,等.内陆河干旱区生态需水分析[J].生态学报,2004,24(10):2136-2142.

[10] 陈敏建,王浩.中国分区域生态需水研究[J].中国水利,2007,579(9):31-37.

[11] 陈敏建,丰华丽,王立群,等.适宜生态流量计算方法研究[J].水科学进展,2007,18(5):745-750.

[12] 陈锐,邓祥征,战金艳,等.流域尺度生态需水的估算模型与应用——以克里雅河流域为例[J].地 理研究,2005,24(5):725-731.

[13] 陈天林,徐学选,张北赢,等.黄土丘陵区刺槐生长季生态需水研究[J].水土保持通报,2008,28 (2):54-57.

[14] 陈伟涛,孙自永,王焰新,等.论内陆干旱区依赖地下水的植被生态需水量研究关键科学问题[J]. 地球科学——中国地质大学学报,2014,39(9):1340-1348.

[15] 陈曦,罗格平.干旱区绿洲生态研究及进展[J].干旱区地理,2008,31(4):487-495.

[16] 陈亚宁,郝兴明,李卫红,等.干旱区内陆河流域的生态安全与生态需水量研究——兼谈塔里木河 生态需水量问题[J].地球科学进展,2008,23(7):732-738.

[17] 陈亚宁,杨青,罗毅,等.西北干旱区水资源问题研究思考[J].干旱区地理,2012,35(1):1-9.

[18] 程国栋,赵传燕.西北干旱区生态需水研究[J].地球科学进展,2006,21(11):1101-1108.

[19] 程国栋.黑河流域水-生态-经济系统综合管理研究[M].北京:科学出版社,2008.

[20] 崔保山,杨志峰.湿地生态需水量研究[J].环境科学学报,2002,22(2):31-36.

[21] 崔保山,杨志峰.湿地生态环境需水量等级划分与实例分析[J].资源科学,2003,25(1):21-28.

[22] 崔保山,赵翔,杨志峰.基于生态水文学原理的湖泊最小生态需水量计算[J].生态学报,2005,25 (7):1788-1795.

[23] 崔树彬.关于生态环境需水量若干问题的探讨[J].中国水利,2001(8):71-75.

[24] 崔真真,谭红武,杜强.流域生态需水研究综述[J].首都师范大学学报(自然科学版),2010,31(2): 70-74.

[25] 崔宗培.中国水利百科全书[M].北京:水利电力出版社,1990.

[26] 段文典.疏勒河灌区盐碱地改良技术试验研究[D].兰州:甘肃农业大学,2007.

[27] 樊自立,马英杰,张宏,等.塔里木河流域生态地下水位及其合理深度确定[J].干旱区地理,2004, 27(1):8-13.

[28] 樊自立,叶茂,徐海量,等.新疆玛纳斯河流域生态经济功能区划研究[J].干旱区地理,2010,33 (4):493-501.

[29] 樊自立.塔里木河流域资源环境及可持续发展[M].北京:科学出版社,1998.

[30] 傅伯杰,刘国华,陈利顶,等.中国生态区划方案[J].生态学报,2001,21(1):1-6.

[31] 方子云.水资源保护工作手册[M].南京:河海大学出版社,1988.

[32] 丰华丽,郑红星,曹阳.生态需水计算的理论基础和方法探析[J].南京晓庄学院学报,2005,21(5): 50-55.

[33] 丰华丽,夏军,占车生.生态环境需水研究现状和展望[J].地理科学进展,2003,22(6):591-598.

[34] 丰华丽,王超,李勇.流域生态需水量的研究[J].环境科学动态,2001(1):27-30.

[35] 冯起,李宗礼,高前兆,等.石羊河流域民勤绿洲生态需水与生态建设[J].地球科学进展,2012,27 (7):806-814.

[36] 冯夏清,章光新,尹雄锐.基于生态保护目标的太子河下游河道生态需水量计算[J].环境科学学 报,2010,30(7):1446-1471.

[37] 冯夏清,章光新.湿地生态需水研究进展[J].生态学杂志,2008,27(12):2228-2234.

[38] 甘肃省水利厅.敦煌水资源合理利用与生态保护综合规划(2011—2020)[R].2011.

[39] 高凡,黄强,闫正龙.基于3S的塔里木河干流生态水平动态监测及生态需水研究[J].西北农林科 技大学学报,2010,38(1):188-194.

[40] 高俊刚,吴雪,张镱锂,等.基于等级层次分析法的金沙江下游地区生态功能分区[J].生态学报, 2016,36(1):134-147.

[41] 高凯.吉林省西部生态环境需水研究[D].长春:吉林大学,2008.

[42] 戈峰.现代生态学[M].北京:科学出版社,2002.

[43] 耿艳辉,闵庆文,成升魁.基于植被生态需水的区域水资源结构调整[J].干旱区农业研究,2007,25 (1):41-47.

[44] 郭巧玲,杨云松,李建林,等.额济纳绿洲生态需水及其预测研究[J].干旱区资源与环境,2011,25 (4):135-139.

[45] 郭巧玲,杨云松,陈志辉,等.额济纳绿洲植被生态需水及其估算[J].水资源与水工程学报,2010, 21(3):80-84.

[46] 韩旭,陈东辉,陈亮,等.青岛生态功能分区研究[J].青岛大学学报(自然科学版),2007,20(2):62- 66.

[47] 韩宇平,阮本清,王富强.宁夏引黄灌区适宜生态需水估算[J].水利学报,2009,40(6):716-723.

[48] 韩宇平,王富强,赵若,等.北运河河流生态需水分段法研究[J].华北水利水电大学学报(自然科学 版),2014,35(2):25-29.

[49] 郝博,粟晓玲,马孝义.甘肃省民勤县天然植被生态需水研究[J].西北农林科技大学学报,2010,38 (2):158-164.

[50] 郝博,粟晓玲,马孝义,等.干旱区植被生态需水的研究进展[J].水资源与水工程学报,2009,20 (4):1-5.

[51] 何永涛,闵庆文,李文华.植被生态需水研究进展及展望[J].资源科学,2005,27(4):8-13.

[52] 何志斌,赵文智,方静.黑河中游地区植被生态需水量估算[J].生态学报,2005,25(4):705-710.

[53] 胡广录,赵文智,谢国勋.干旱区植被生态需水理论研究进展[J].地球科学进展,2008,23(2):193- 200.

[54] 胡广录,赵文智.干旱半干旱区植被生态需水量计算方法评述[J].生态学报,2008,28(12):6282-6291.

[55] 胡顺军,顾桂梅,李岳坦,等.塔里木河干流流域防治耕地盐碱化的生态需水量[J].干旱区资源与环境,2007,21(1):145-149.

[56] 黄亮,许衡,罗昊,等.基于 IFIM 法的敏感生态需水计算研究——以红水河来宾段为例[J].水利发展研究,2015(5):22-27.

[57] 黄晓荣,姜健俊,裴源生,等.基于生态保护的宁夏天然绿洲生态需水研究[J].水科学进展,2006,17(3):312-316.

[58] 吉利娜,刘苏峡,吕宏兴,等.湿周法估算河道内最小生态需水量的理论分析[J].西北农林科技大学学报(自然科学版),2006,34(2):124-130.

[59] 吉利娜,刘苏峡,王新春.湿周法估算河道内最小生态需水量——以滦河水系为例[J].地理科学进展,2010,29(3):287-291.

[60] 贾宝全,许英勤.干旱区生态用水的概念和分类——以新疆为例[J].干旱区地理,1998,21(2):8-12.

[61] 贾宝全,慈龙骏.新疆生态用水量的初步估算[J].生态学报,2000,20(2):243-250.

[62] 贾良清,欧阳志云,赵同谦,等.安徽省生态功能区划研究[J].生态学报,2005,25(2):254-260.

[63] 姜杰,杨志峰,刘静玲.海河流域平原河道生态环境需水量计算[J].地理与地理信息科学,2004,20(5):81-83.

[64] 李嘉,王玉蓉,李克锋,等.计算河段最小生态需水的生态水力学法[J].水利学报,2006,37(10):1169-1174.

[65] 李金燕,张维江.宁夏地区中南部干旱区域林草植被生态需水研究[J].水土保持通报,2014,34(2):276-280.

[66] 李九一,李丽娟,姜德娟,等.沼泽湿地生态储水量及生态需水量计算方法探讨[J].地理学报,2006,61(3):289-296.

[67] 李丽娟,郑红星.海滦河流域河流系统生态环境需水量计算[J].地理学报,2000,55(4):495-500.

[68] 李丽娟,郑红星.海滦河流域河流系统生态环境需水量计算[J].海河水利,2003(1):6-8.

[69] 李明,秦丽杰,李波.吉林省西部土地利用对生态环境的影响[J].农业与技术,2006,26(4):64-65.

[70] 李启森,赵文智,冯起.黑河流域水资源动态变化与绿洲发育及发展演变的关系[J].干旱区地理,2006,29(1):21-28.

[71] 李强坤,李怀恩,张会敏,等.基于生态需水配置的额济纳绿洲恢复方案[J].干旱区研究,2008,25(4):457-463.

[72] 李群.河流生态和环境需水理论与实践[D].西安:西安理工大学,2009.

[73] 李亚平,陈友媛,胡广鑫,等.基于分布式水文模型的徒骇河河流生态需水量预测研究[J].环境科学学报,2013,33(9):2619-2625.

[74] 李元红,孙栋元,胡想全,等.黑河流域水资源管理模式研究[J].水资源与水工程学报,2013,24(2):62-66.

[75] 李宗礼,苏中原,沈清林,等.干旱内陆河流域下游绿洲生态建设中的水资源问题[J].中国水土保持,2006(2):101-103.

[76] 林超,田琦译.美国环境用水[EB/OL].中国水利网,2000.

[77] 刘昌明.中国 21 世纪水供需分析:生态水利研究[J].中国水利,1999(10):18-20.

[78] 刘昌明.我国西部大开发中有关水资源的若干问题[J].中国水利,2000(8):23-25.

[79] 刘昌明,傅国斌,李丽娟.西部水资源与生态环境建设[J].矿物岩石地球化学学报,2002,21(1):7-11.

[80] 刘静玲,杨志峰.湖泊生态环境需水量计算方法比较研究[J].自然资源学报,2002,17(5):604-609.

[81] 刘桂民,王根绪.我国干旱区生态需水若干问题评述[J].冰川冻土,2004,26(5):650-656.

[82] 刘海亮,刘志辉,李诚志,等.干旱生态脆弱区生态功能区划——以新疆策勒县为例[J].新疆大学学报(自然科学版),2013,30(4):465-468.

[83] 刘凌,董增川,崔广柏,等.内陆河流生态环境需水量定量研究[J].湖泊科学,2001,14(1):25-31.

[84] 刘伟,石惠春,何剑.民勤县生态经济功能区划[J].生态与农村环境学报,2013,29(3):386-389.

[85] 刘新华,徐海量,凌红波,等.塔里木河下游生态需水估算[J].中国沙漠,2013,33(4):1198-1205.

[86] 刘苏峡,莫兴国,夏军,等.用斜率和曲率湿周法推求河道最小生态需水量的比较[J].地理学报,2006,61(3):273-281.

[87] 刘燕华.柴达木盆地水资源合理利用与生态环境保护研究[M].北京:科学出版社,2000.

[88] 刘旭.查哈阳灌区生态需水规律与水资源优化调度决策模型研究[D].哈尔滨:东北农业大学,2008.

[89] 刘征,郑艳侠,赵志勇.生态功能区划方法研究[J].石家庄学院学报,2008,10(3):54-59.

[90] 陆建宇,陆宝宏,张建刚,等.沂沭河流域河流生态径流及生态需水研究[J].水电能科学,2015,33(9):26-30.

[91] 黄昌硕,陈敏建,丰华丽,等.基于生态保护目标的黄河河口湿地生态需水计算[J].中国农村水利水电,2012(12):75-78.

[92] 李亚平,陈友媛,胡广鑫,等.基于分布式水文模型的徒骇河河流生态需水量预测研究[J].环境科学学报,2013,33(9):2619-2625.

[93] 刘金鹏,费良军,南忠仁,等.基于生态安全的干旱区绿洲生态需水研究[J].水利学报,2010,41(2):226-232.

[94] 刘普幸,张克新,霍华丽,等.疏勒河中下游绿洲胡杨林土壤水盐的空间变化特征与成因[J].自然资源学报,2012,27(6):942-952.

[95] 马乐宽,李天宏,刘国彬.基于水土保持的流域生态环境需水研究[J].地球科学进展,2008,23(10):1102-1110.

[96] 马乐宽,倪晋仁,李天宏,等.流域生态环境需水与缺水的快速评估(Ⅰ):理论[J].水利学报,2008,39(9):1023-1029.

[97] 马乐宽.流域生态环境需水研究——以延河流域为例[D].北京:北京大学,2008.

[98] 马兴华,王桑.甘肃疏勒河流域植被退化与地下水位及矿化度的关系[J].甘肃林业科技,2005,30(2):53-55.

[99] 满苏尔·沙比提,玉素浦江·买买提,胡江玲.新疆渭干河-库车河三角洲绿洲生态需水研究[J].干旱区研究,2008,25(3):325-330.

[100] 苗鸿,魏彦昌,姜立军,等.生态用水及其核算方法[J].生态学报,2003,23(6):1156-1164.

[101] 孟伟,张远,张楠,等.流域水生态功能分区与质量目标管理技术研究的若干问题[J].环境科学学报,2011,31(7):1345-1351.

[102] 倪晋仁,金玲,赵业安,等.黄河下游河流最小生态环境需水量初步研究[J].水利学报,2002(10):1-7.

[103] 潘竟虎,石培基.张掖市生态功能分区[J].城市环境与城市生态,2009,22(1):38-42.

[104] 潘扎荣,阮晓红,徐静.河道基本生态需水的年内展布计算法[J].水利学报,2013,44(1):119-126.

[105] 潘扎荣,阮晓红.淮河流域河道内生态需水保障程度时空特征解析[J].水利学报,2015,46(3):280-290.

[106] 祁永安,李吉均,张建明,等.石羊河流域生态功能区研究[J].兰州大学学报(自然科学版),2006,

42(4):29-33.

[107] 齐拓野,米文宝,邱开阳,等.干旱区湿地生态需水量研究——以银川市阅海湿地为例[J].干旱区资源与环境,2012,26(3):76-82.

[108] 乔云峰,王晓红,纪昌明,等.基于生态经济理论的生态需水计算方法研究[J].水科学进展,2004,15(5):621-625.

[109] 沈国舫.生态环境建设与水资源的保护和利用[J].中国水利,2000(8):26-30.

[110] 司建华,冯起,席海洋,等.黑河下游额济纳绿洲生态需水关键期及需水量[J].中国沙漠,2013,33(2):135-139.

[111] 孙栋元,胡想全,金彦兆,等.疏勒河流域中游绿洲天然植被生态需水量估算与预测研究[J].干旱区地理,2016,39(1):154-161.

[112] 孙栋元,金彦兆,王启优,等.疏勒河流域中游绿洲生态环境需水时空变化特征研究[J].环境科学学报,2016,36(7):2664-2676.

[113] 孙栋元,胡想全,杨俊,等.疏勒河流域中游绿洲生态环境需水研究——Ⅰ.方法与参数选取[J].干旱地区农业研究,2016,34(5):222-227.

[114] 孙栋元,杨俊,胡想全,等.疏勒河流域中游绿洲生态环境需水研究——Ⅱ.生态环境需水量与水资源管理对策[J].干旱地区农业研究,2016,34(6):280-284.

[115] 孙栋元,杨俊,胡想全,等.基于生态保护目标的疏勒河流域中游绿洲生态环境需水研究[J].生态学报,2017,37(3):1008-1020.

[116] 孙栋元,赵成义,魏恒,等.干旱内陆河流域平原区生态环境需水分析——以新疆自治区台兰河流域为例[J].水土保持通报,2011,31(4):82-88.

[117] 孙栋元,张云亮,葛成彦,等.疏勒河流域中游绿洲生态功能分区研究.中国农学通报,2016,32(21):117-123.

[118] 孙栋元,金彦兆,李元红,等.干旱内陆河流域水资源管理模式研究[J].中国农村水利水电,2015(1):80-85.

[119] 孙才志,高颖,朱正如.基于生态水位约束的下辽河平原地下水生态需水量估算[J].生态学报,2013,33(5):1513-1523.

[120] 宋进喜,土伯铎.生态、环境需水与用水概念辨析[J].西北大学学报,2006,36(1):154-155.

[121] 汤洁,佘孝云,林年丰,等.生态环境需水的理论和方法研究进展[J].地理科学,2005,25(3):367-373.

[122] 汤奇成.塔里木盆地水资源与绿洲建设[J].自然资源,1989(6):28-34.

[123] 汤奇成.绿洲的发展与水资源的合理利用[J].干旱区资源与环境,1995,9(3):107-111.

[124] 唐小娟,邓建伟,张新民,等.石羊河流域北部平原区生态功能区划研究[J].中国农村水利水电,2009(5):23-25.

[125] 唐蕴,王浩,陈敏建,等.黄河下游河道最小生态流量研究[J].水土保持学报,2004,18(3):171-174.

[126] 万忠成,王治江,王延松,等.辽宁省生态功能分区与生态服务功能重要区域[J].气象与环境学报,2006,22(5):69-71.

[127] 王传辉,吴立,王心源,等.基于遥感和 GIS 的巢湖流域生态功能分区研究[J].生态学报,2013,33(18):5808-5817.

[128] 王芳,梁瑞驹,杨小柳,等.中国西北地区生态需水研究(1)——干旱半干旱地区生态需水理论分析[J].自然资源学报,2002,17(1):1-8.

[129] 王芳,梁瑞驹,杨小柳,等.中国西北地区生态需水研究(2)——基于遥感和地理信息系统技术的

区域生态需水计算机分析[J].自然资源学报,2002,17(2):129-137.

[130] 王改玲,王青杵,石生新.山西省永定河流域林草植被生态需水研究[J].自然资源学报,2013,28
(10):1743-1753.

[131] 王晶,包维楷,庞学勇.大渡河上游干旱河谷区生态需水研究[J].自然资源学报,2006,21(2):252-
259.

[132] 王根绪,程国栋.干旱内陆流域生态需水量及其估算——以黑河流域为例[J].中国沙漠,2002,24
(2):129-133.

[133] 王根绪,张钰,刘桂民,等.干旱内陆流域河道外生态需水量评价——以黑河流域为例[J].生态学
报,2005,27(3):140-144.

[134] 汪宏清,邵先国,范志刚,等.江西省生态功能区划原理与分区体系[J].江西科学,2006,24(4):
154-159.

[135] 王丽霞,任志远.基于 GIS 的区域植被-土壤生态系统需水定量测评——以陕北延安地区为例[J].
地理学报,2006,61(7):763-770.

[136] 王丽霞,任朝霞,任志远,等.基于生态功能分区的陕北延河流域旱地系统生态需水测评[J].农业
工程学报,2012,28(6):156-161.

[137] 王强,刘静玲,杨志峰.白洋淀湿地不同时空水生植物生态需水规律研究[J].环境科学学报,
2008,28(7):1447-1454.

[138] 王锡曚.黄河典型流域生态环境需水研究——以延河流域为例[D].邯郸:河北工程大学,2015.

[139] 王西琴,刘昌明,张远.黄淮海平原河道基本环境需水研究[J].地理研究,2003,22(2):169-176.

[140] 王西琴,张远,刘昌明.辽河流域生态需水估算[J].地理研究,2007,26(1):22-28.

[141] 王西琴,刘昌明,张远.基于二元水循环的河流生态需水水量与水质综合评价方法——以辽河流
域为例[J].地理学报,2006,61(11):1132-1140.

[142] 王西琴,刘昌明,杨志峰.河道最小环境需水量确定方法及其应用研究(Ⅰ)——理论[J].环境科
学学报,2001,21(5):544-547.

[143] 王西琴,杨志峰,刘昌明.河道最小环境需水量确定方法及其应用研究(Ⅱ)——应用[J].环境科
学学报,2001,21(5):548-552.

[144] 王玉敏,周孝德.流域生态需水量的研究进展[J].水土保持学报,2002,16(6):142-144.

[145] 王治江,李培军,王延松,等.辽宁省生态功能分区研究[J].生态学杂志,2005,24(11):1339-1342.

[146] 夏军,孙雪涛,谈戈.中国西部流域水循环研究进展与展望[J].地球科学进展,2003,18(1):58-67.

[147] 肖生春,肖洪浪.黑河流域水环境演变及其驱动机制研究进展[J].地球科学进展,2008,23(7):
748-755.

[148] 颉耀文,姜海兰,王学强,等.1963~2012 年黑河下游额济纳绿洲的时空变化[J].干旱区地理,
2014,37(4):786-792.

[149] 徐昔保,张建明,祁永安,等.基于 3S 的石羊河流域生态功能区划研究[J].干旱区研究,2005,22
(1):41-44.

[150] 徐志侠,陈敏建,董增川.河流生态需水计算方法评述[J].河海大学学报(自然科学版),2004a,32
(1):5-9.

[151] 徐志侠,董增川,周健康,等.生态需水计算的蒙大拿法及其应用[J].水利水电技术,2003,34
(11):15-17.

[152] 徐志侠,王浩,唐克旺,等.吞吐型湖泊最小生态需水研究[J].资源科学,2005,27(3):140-144.

[153] 严登华,何岩,邓伟,等.东辽河流域河流系统生态需水研究[J].水土保持学报,2001,15(1):46-49.

[154] 杨立彬,黄强,阮本清,等.额济纳绿洲生态需水研究[J].水利学报,2012,43(9):1127-1133.

[155] 杨秀英,张鑫,蔡焕杰.石羊河流域下游民勤县生态需水量研究[J].干旱地区农业研究,2006,24(1):169-173.

[156] 杨振怀,崔宗培,徐乾清,等.中国水利百科全书.第二卷[M].北京:水利电力出版社,1990.

[157] 杨志峰,张远.河道生态环境需水研究方法比较[J].水动力学研究与进展A辑,2003,18(3):294-301.

[158] 杨志峰,崔保山,刘静玲,等.生态环境需水量理论、方法与实践[M].北京:科学出版社,2003.

[159] 杨志峰,尹民,崔保山.城市生态环境需水量研究:理论与方法[J].生态学报,2005,25(3):389-396.

[160] 杨志峰,陈贺.一种动态生态环境需水计算方法及其应用[J].生态学报,2006,26(9):2989-2995.

[161] 杨志峰,姜杰,张永强.基于MODIS数据估算海河流域植被生态用水方法探讨[J].环境科学学报,2005,25(4):449-456.

[162] 叶睿,尚松浩,陈根发,等.内陆干旱区河谷林生态需水研究[J].中国水利水电科学研究院学报,2011,9(4):298-303.

[163] 叶朝霞,陈亚宁,李卫红.基于生态水文过程的塔里木河下游植被生态需水量研究[J].地理学报,2007,62(5):451-461.

[164] 英晓明,李凌.河道内流量增加方法IFIM研究及其应用[J].生态学报,2006,26(5):1567-1573.

[165] 于龙娟,夏自强,杜晓舜.最小生态径流的内涵及计算方法研究[J].河海大学学报(自然科学版),2004,32(1):18-22.

[166] 翟盛.干旱内陆河流域河流系统生态需水量计算[J].水利科技与经济,2010,16(8):854-855.

[167] 张华,张兰,赵传燕.极端干旱区尾闾湖生态需水估算——以东居延海为例[J].生态学报,2014,34(8):2102-2108.

[168] 张光斗,钱正英.中国可持续发展水资源战略研究综合报告[J].中国水利,2000(8):5-17.

[169] 张凯,韩永翔,司建华,等.民勤绿洲生态需水与生态恢复对策[J].生态学,2006,25(7):813-817.

[170] 张丽,李丽娟,梁丽乔,等.流域生态需水的理论及计算研究进展[J].农业工程学报,2008,24(7):307-312.

[171] 张丽.黑河流域下游生态需水理论与方法研究[D].北京:北京林业大学,2004.

[172] 张丽,董增川,徐建新.黑河流域下游天然植被生态及需水研究[J].灌溉排水学报,2002,21(4):16-20.

[173] 张丽,董增川,赵斌.干旱区天然植被生态需水量计算方法[J].水科学进展,2003,14(6):745-748.

[174] 张奎俊.石羊河流域下游民勤绿洲生态需水与措施研究[D].兰州:兰州理工大学,2008.

[175] 张瑞君,段争虎,唐明亮,等.石羊河流域天然植被生态需水量估算及预测[J].中国沙漠,2012,32(2):545-550.

[176] 张鑫.区域生态环境需水量与水资源合理配置[D].杨凌:西北农林科技大学,2004.

[177] 张晓晓.流域生态需水理论与生态需水过程研究[D].天津:天津理工大学,2012.

[178] 张学凤,罗越浩.疏勒河流域湖泊湿地生态需水量估算[J].甘肃水利水电技术,2009,45(7):14-15.

[179] 张远,杨志峰.黄河流域坡高地系统最小生态需水研究[J].山地学报,2004,22(2):154-160.

[180] 张远,杨志峰,王西琴.河道生态环境分区需水量的计算方法与实例分析[J].环境科学学报,2005,25(4):429-435.

[181] 张远,郑丙辉,王西琴,等.辽河流域浑河、太子河生态需水量研究[J].环境科学学报,2007,27(6):937-943.

[182] 赵长森,刘昌明,夏军,等.闸坝河流河道内生态需水研究——以淮河为例[J].自然资源学报,

2008,23(3):400-411.

[183] 赵文智,常学礼,何志斌,等.额济纳荒漠绿洲植被生态需水量研究[J].中国科学 D 辑,2006,36(6):559-566.

[184] 钟华平,刘恒,耿雷华,等.河道内生态需水估算方法及其评述[J].水科学进展,2006,17(3):430-434.

[185] 左其亭.干旱半干旱地区植被生态用水计算[J].水土保持学报,2002,16(3):114-117.

[186] Armentrout G W,Wilson J F. Assessment of low flows in streams in northeastern Wyoming[J]. USGS Water Resources Investigation Report,1987,4(5):533-538.

[187] Arthington A H,King J M,Keefee J H,et al. Development of an holistic approach for assessing environmental flow requirements of river in ecosystems[A].In:Pigram J J,Hooper B P(eds). Water Allocation for the Environment. Armindale:The Centre for Policy Research[C]. University of New England,1992:69-76.

[188] Arthington A H,Pusey B J.Instream flow management in Australia:methods,deficiencies and future direction[J]. Australian Biology,1993,6(1):52-60.

[189] Bovee K D. A guide to stream habitat analysis using the instream flow incremental methodology[J]. US Fish and Wildlife Service FWS/OBS-82/26,1982.

[190] Baird A J,Wilby R L. Ecohydrology:plant and water in terrestrial and aquaticenvironments London and New York[M].Routledge Press,1999:550-553.

[191] Bennett M,Mc Cosker R. Estimating environmental flow requirements of wetlands[R]. Environmental Flows Seminar 1994,Australian Water and Wastewater Association,Canberra.

[192] Caissie D,El-Jabi N,Bourgeois G. Instream flow evaluation by hydrologically-based and habitat preference(hydrobiological)techniques[J]. Rev Sci Eau,1998,11(3):347-363.

[193] Christopher J,Gippel,Michael J Stewardson. Use of wetted perimeter in defining minimum environmental flows[J]. Regulated rivers:Research & Management,1998,14:53-67.

[194] Clifford D. R Instream flows in Washington State-past,present and future,draft[R]. Water Resources Program,Washington Department of Ecology,2000.

[195] Covich A. Water and ecosyslcms Gleiek P H[A]. Water in Crisis a Guide to the World's Fresh Water Resources[C]. New York:Oxford University Press,1993:45-55.

[196] Cui B S,Yang Z F. Eco-environmental water requirement for wetlands in Huang-Huai-Hai Area[J]. China Progress in Natural Science,2002,12(11):841-848.

[197] Cui B S,Hua Y Y,Wang C F,et al.Estimation of Ecological Water Requirements Based on Habitat Response to Water Level in Huanghe River Delta,China[J].Chin. Geogra. Sci,2010,20(4):318-329.

[198] Dakova Sn Uzunov Y,Mandadjiev D. Low flow the river's ecosystem limiting fatter[J]. Ecological Engineering,2000,16(1):167-174.

[199] Davis J A,Froend R H ,Hamilton D P ,et al. Environmental water requirements to maintain wetlands of national and international importance[R]. Environmental Flows Initiative Technical Report No. 1;Commonwealth of Australia,Canberra,2001.

[200] Docampo L,Bikuna B G. The bisque method for determining instream flows in Northern Spain[J]. Rivers,1995,6(4):292-311.

[201] Elser A. A partial evaluation and application of the "Montana method" of determining stream flow requirements[A]. In:A Transcript of Proceedings of the Instream Flow Requirement Workshop[C]. 15-16 March 1972. Pacific Northwest River Basin Commission:Portland,Oregon,1972:3-11.

［202］ Falkenmark M. Coping with water scarcity under rapid population growth Conference of SADC Ministers［M］. Pretoria,1995:23-24.

［203］ Friend. Flow regimes from international experimental and network data［J］. Third Report:1994-1997, Cemagref,1997.

［204］ Fu Xinfeng,He Hongmou,Jiang Xiaohui.Natural ecological water demand in the lower Heihe River［J］. Frontiers of Environmental Science & Engineering,2008,2(1):63-68.

［205］ Geoffrey E P. Water allocation to protect river ecosystems［J］. Regulated Rivers Research & Management, 1996(12):353-365.

［206］ Gleick P H.Water in Crisis:Paths to sustainable Water Use［J］.Ecological Application,1998,8(3):571 - 579.

［207］ Gleick P H. The World's Water 2000—2001:The Biennial Report on Freshwater Resources［M］.Washington,DC,USA,Island Press,1998:601-606.

［208］ Gleick P H. The Changing Water Paradigm:A look at Twenty-first Century Water Resource Development［J］. Water International,2000,25(I):127-138.

［209］ Gustard A ,Bukkock A ,Dixon J M. Low flow estimation in the United Kingdom［R］. Technical Report No. 108,Institute of Hydrology,Wallingford,UK,1992.

［210］ Gustard A ,Gross R. Low flow regimes of northern and western Europe［J］. FRIEND in Hydrology, IAHS publication,1989,187:205-212.

［211］ Henry C P,Amoros C. Restoration ecology of riverine wetland: I . a scientific base［J］. Environmental Management,1995,19(6):891-902.

［212］ Henry C P,Amoros C, Giuliani Y. Restoration ecology of riverine wetlands: II . an example in former channel of the Rhone River［J］. Environmental Management,1995,19(6):891-902.

［213］ Hughes D A. Providing hydrological information and data analysis tools for the determination of ecological instream flow requirements for South African rivers［J］. Journal of Hydrology,2001,241(1-2):140-151.

［214］ Hughes D A,Louw D.Integrating hydrology,hydraulics and ecological response into a flexible approach to the determination of environmental water requirements for rivers［J］.Environmental Modelling & Software,2010,25:910-918.

［215］ Jenny Davis,Ray Froend,David Hamilton,et al.Environmental Water Requirements to Maintain Wetlands of National and International Importance［M］. CANBERRA:Environment Australia,2001.

［216］ King J,Louw D. Instream flow assessments for regulated rivers in South Africa using the Building Block Methodology［J］. Aquatic Ecosystem Health & Management,1998,1(2):109-124.

［217］ King J M ,Tharme R. E. ,Brown C. Definition and implementation of instream flows［R］. World Commission on Dams,Thematic Report,1999.

［218］ Ling H B,Guo B,Xu H L,et al.Configuration of water resources for a typical river basin in an arid region of China based on the ecological water requirements(EWRs)of desert riparian vegetation［J］. Global and Planetary Change,2014,122:292-304.

［219］ Liu J G,Liu Q Y,Yang H. Assessing water scarcity by simultaneously considering environmental flow requirements,water quantity,and water quality［J］.Ecological Indicators,2016,60:434-441.

［220］ Liu J L,Yang Z F. Ecological and environmental water demand of the lakes in the Haihe-Huaihe Basin of North China［J］. Journal of Environmental Sciences,2002,14(2):234-238.

［221］ Luo H M,Li T H,Ni J R,et al. Water demand for ecosystem protection in rivers with hyper-concentrated sediment-laden flow[J]. Science in China(Series E),2004,47(supp l. I):186-198.

[222] Maciej Zalewski. Ecohydrology—The scientific background to use ecosystem properties as management tools toward sustainability of water resources[J]. Ecological Engineering,2001,16:1-8.

[223] Martion P,Andras H. Conservation concept for a river ecosystem impacted by flow abstraction in a large post mining area[J]. Landscape and planning,2000,51(2):165-176.

[224] Mathews R C,Bao Y M. The Texas method of preliminary instream flow assessment[J]. Rivers,1991,2 (4):295-310.

[225] Mosely M P. The effect of changing discharge on channel morphology and instream uses and in a braide river,OhauRiver,New Zealand[J]. Water Resources Researches,1982(18):800-812.

[226] Moss B. Ecological challenges for lake management[J]. Hydrobiologia,1999,395/396:3-11.

[227] Nehring R B. Evaluation of instream flow methods and determination of water quantity needs for streams in the State of Colorado[R]. Colorado Division of Wildlife:Fort Collins,CO,1979.

[228] Nelson F A. Evaluation of selected instream flow methods in Montana[M]. In:Proceeding of the Annual Conference of the Western Association of Fish and Wildlife Agencies. 1980:412-432.

[229] Nienhuis P H. New concepts for sustainable management of river basins[J]. Netherlands:Backuys Publishers. 1998,7-33.

[230] Palau A,Alcazar J. The basic flow:an alternative approach to calculate minimum environmental instream flows[A]. In:Leclerc M,et al. Ecohydraulics 2000,2nd international symposiumon habitat hydraulics[C]. QuebeCity,1996.

[231] Petts G E. Water allocation to protect river ecosystems[J]. Regulated Rivers Research and Management,1996,12(4-5):353-365.

[232] Reiser D W ,Wesche T A ,Estes C. Status of instream flow legislation and practice in North America[J]. Fisheries,1989,14(2):22-29.

[233] Raskin P D. Hansen E,Margolis R M. Water and Sustainability:Global Patterns and Long-range Problems[J].Natural Research Forum,1996,20(1):1-15.

[234] Richter B D,Baumgartner J V,Powell J, et al. A method for assessing hydrologic alteration within ecosystems[J]. Conservation Biology,1996,10(4):1163-1174.

[235] Richardson B. A. Evaluation of instream flow methodologies for freshwater fish in New South Wales[C]. In:Campbell I. C. ,(Eds.),Stream protection:the management of rivers for instream uses[A]. Water Studies Center,Chisholm Institute of Technology,Austrlia, 1986:143-167.

[236] Riggs H C. Effects of man on low flows. In:American Society of Civil Engineers,Proceedings of the Conference on Environment Aspects Irrigation and drainage[M]. New York:University of Ottawa, 1976: 631.

[237] Rodriguez-Iturbe I,Porporato A,Laio F, et al.Plants in water-cont rolled ecosystems:active role in hydrologic processes and response to water stress-(I)Scope and general outline[J].Advances in Water Resources,2001,24:695-705.

[238] Price D R H. Do reservoirs need ecological management[J]. Hydrobiologia,1999,395/396:117-121.

[239] Schmitt T G. Water-Protection-Human Being,A Triangular Relationship in Changing times,Applied[J]. Geography and Development,1997,49:59-69.

[240] Shang S H.A general multi-objective programming model for minimum ecological flow or water level of inland water bodies[J].Journal of Arid Land,2015,7(2):166-176.

[241] Sheail J. Constraints on water-resources development in England and management of compensation flows.

Journal of Environmental Management, Wales: concept and management of compensation flows[J]. Journal of Environmental Management, 1984, 19: 351-361.

[242] Sheail J. Historical development of setting compensation flows[C]. In: Gustard A, Cole G Marshall D, et al. A study of compensation flows in the UK, Report 99[A]. Wallingford: Institute of hydrology. Appendix(I), 1984.

[243] Shokoohi A, Amini M. Introducing a new method to determine rivers' ecological water requirement in comparison with hydrological and hydraulic methods[J]. Int. J. Environ. Sci. Technol, 2014, 11: 747-756.

[244] Si J H, Feng Q, Yu T F, et al. Inland river terminal lake preservation: determining basin scale and the ecological water requirement[J]. Environ Earth Sci, 2015, 73: 3327-3334.

[245] Sinclair Knight Merz Pty Ltd. Environmental Water Requirements to Maintain Groundwater Dependent Ecosystems[M]. CANBERRA: Environment Australia, 2001.

[246] Stalnaker C B, Lamb B L, Henriksen J, et al. The instream flow incremental methodology: a primer for IFIM[M]. National Ecology Research Center, International Publication, Fort Collins, Colorado, USA, 1994.

[247] Statzner B, Higler B. Questions and comments on the river continuum concept[J]. Canadian Journal of Fisheries and Aquatic Sciences, 1985, 42: 1038-1044.

[248] Tan Y Y, Wang X, Li C H, et al. Estimation of ecological flow requirement in Zoige Alpine Wetland of southwest China[J]. Environ Earth Sci, 2012, 66: 1525-1533.

[249] Tennant D L. Instream flow regimens for fish, wildlife, recreation and related environmental resources[J]. Fisheries, 1976, 1(4): 6-10.

[250] Tharme R E. A global perspective on environmental flow assessment: emerging trends in the development and application of environmental flow methodologies for rivers[J]. River Research and Application, 2003, 9: 397-441.

[251] Tharme R E. Review of international methodologies for the quantification of the instream flow requirement of rivers: Water law review final report for policy development for the Department of Water Affairs and Forestry, Pretoria[R]. Freshwater Research Unit, University of Cape Town, South Africa, 1996.

[252] Thoms M C, Sheldon F. Water resource development and hydrological change in a large dryland river: the Barwon-Darling River Australia[J]. Journal of Hydrology, 2000, 228: 10-21.

[253] Thoms M C, Sheldon F. An ecosystem approach for determining environmental water allocations in Australian dryland river systems: The role of geomorphology[J]. Geomorphology, 2002(47): 153-168.

[254] Thoms M C, Cullen P. The impact of irrigation withdrawals on inland river systems[J]. Rangeland Journal, 1998, 20(2): 226-236.

[255] Vannote R L, Minshall G W, Cummins K W, et al. The river continuum concept[J]. Canadian Journal of Fisheries and Aquatic Sciences, 1980, 37: 130-137.

[256] Wang L X, Ren Z Y. Spatial-temporal differences in instream flow requirement based on G IS-A case study of Yanan region, northern Shanxi[J]. Journal of Geographical Sciences, 2008, 18: 107-114.

[257] Wang X Q, Zhang Y, Liu C M. Water quantity-quality combined evaluation method for rivers water requirements of the instream environment in dualistic water cycle: A case study of Liaohe river basin[J]. Journal of Geographical Sciences, 2007, 3: 304-316.

[258] Ward J V. The four-dimensional nature of lotic ecosystems. Journal of the North American Benthological Society, 1989, 8: 2-8.

[259]　Whipple W, DuBois J D, Grigg N, et al. A Proposed Approach to Coordination of Water Resource development and environmental Regulations[J].Journal of the American Water Resources Association, 1999,35(4):713-716.

[260]　Willian W. A proposed approach to coordination of water resources development and environmental regulations[J]. Journal of the American Water Resources Association,1999,35(4):73-89.

[261]　W L Pierson, K Bishop, D Van Senden, et al. Environmental Water Requirements to Maintain Estuarine Processes[M]. CANBERRA:Environment Australia,2002.

[262]　Ye Zhaoxia, Chen Yaning, Li Weihong. Ecological water demand of natural vegetation in the lower Tarim River[J].Journal of Geographical Sciences,2010,20(2):261-272.

[263]　Zhang Y, Yang S T, Wei O Y, et al.Applying multi-source remote sensing data on estimating ecological water requirement of grassland in Ungauged region[J].Procedia Environmental Sciences,2010,2:953-963.

[264]　Zhao Wenzhi, Chang X L, He Zhibin, et al. Study on vegetation ecological water requirement in Ejina Oasis[J]. Science in China(D),2007,50(1):121-129.

[265]　Zhao W Z, Cheng G D. Review of several problems on the study of ecohydrological processes in arid zones[J]. Chinese Science Bulletin,2002,47(5):353-360.